土木工程科技创新与发展研究前沿丛书

超高层建筑智能化
快速施工技术

崔　野　段　锋　姜继果
薛晓宏　袁一力　王雪艳　著

中国建筑工业出版社

图书在版编目（CIP）数据

超高层建筑智能化快速施工技术／崔野等著. — 北京：中国建筑工业出版社，2024.3
（土木工程科技创新与发展研究前沿丛书）
ISBN 978-7-112-29860-0

Ⅰ．①超…　Ⅱ．①崔…　Ⅲ．①超高层建筑-建筑施工
Ⅳ．①TU974

中国国家版本馆 CIP 数据核字（2024）第 099673 号

　　本书依托两起超高层建筑工程施工过程，结合理论分析、试验研究、软件开发等技术手段，对超高层施工过程中的施工方案优化、信息化平台搭建、快速施工技术与体系开展了系统性研究。研究成果能够为超高层及各类工程建设的智能化与信息化提供参考与理论基础。本书主要内容包括：超高层智能化快速施工发展动态，超高层智能化施工优化设计研究，信息化智能施工平台研究，超高层建筑快速施工工艺体系及保障措施，钢管混凝土快速施工及缺陷监测技术研究，以及结论与展望。

　　本书可作为高层、超高层建筑施工技术、智能化、信息化施工方面的专业教师、学生以及相关从业人员的学习或参考用书。

责任编辑：赵云波
责任校对：张　颖

土木工程科技创新与发展研究前沿丛书
超高层建筑智能化
快速施工技术

崔　野　段　锋　姜继果
薛晓宏　袁一力　王雪艳　著

*
中国建筑工业出版社出版、发行（北京海淀三里河路 9 号）
各地新华书店、建筑书店经销
北京鸿文瀚海文化传媒有限公司制版
北京中科印刷有限公司印刷
*
开本：787 毫米×1092 毫米　1/16　印张：8　字数：197 千字
2024 年 5 月第一版　　2024 年 5 月第一次印刷
定价：**29.00** 元
ISBN 978-7-112-29860-0
（42118）

版权所有　翻印必究
如有内容及印装质量问题，请联系本社读者服务中心退换
电话：(010) 58337283　QQ：2885381756
（地址：北京海淀三里河路 9 号中国建筑工业出版社 604 室　邮政编码：100037）

作者简介

崔野，男，1982年3月生，高级工程师，中铁二十局集团第六工程有限公司董事长、党委书记。长期从事工程项目管理工作。近年来，完成多项工程科研课题，获中国交通运输协会科学技术一等奖1项、中国施工企业管理协会科学技术二等奖1项、中国交通运输协会科学技术三等奖1项、陕西省土木学会科学技术优秀奖1项、陕西省土木学会科学技术二等奖1项。

段锋，男，1978年2月生，正高级工程师、中铁二十局集团第六工程有限公司副总经理、总工程师。长期从事工程项目管理工作。近年来，完成多项工程科研课题，获湖南省科学技术二等奖1项、中国铁建股份有限公司科学技术二等奖1项、陕西省科学技术三等奖1项、中国公路学会科学技术二等奖1项、中国交通运输协会科学技术二等奖1项、中国铁建股份有限公司科学技术一等奖1项、二等奖2项、中国施工企业工程建设微创新大赛特等成果1项、中国水运建设行业协会科技进步二等奖、中国施工企业协会工程建设科学技术进步奖二等奖2项。

姜继果，男，1978年5月生，工程师，中铁二十局集团第六工程有限公司副总经济师、项目经理，参与省部级科技立项1项，发表论文十余篇，授权专利二十余项，获陕西省省级工法1项。

薛晓宏，男，1981 年 12 月生，工程师，中铁二十局集团第六工程有限公司副总工程师、科技创新部部长，参与省部级科技立项 3 项，发表论文十余篇，授权专利二十余项，获陕西省省级工法 1 项。

袁一力，男，1991 年 11 月生，博士（后），西安科技大学讲师，主要从事土木工程施工与数值模拟方向的教学与科研工作，近年来主持省部级科研项目 1 项，参与国家级项目 3 项，在国内外高水平期刊发表学术论文 10 余篇，授权发明专利 3 项，获得陕西高等学校科学技术奖一等奖 1 项，中国产学研合作创新与促进奖二等奖 1 项。

王雪艳，女，1984 年 6 月生，博士，西安工程大学副教授，主要从事土木工程建造与管理方向的教学与科研工作，近年来，主持省部级项目 2 项，厅局级项目 3 项，在国内外高水平期刊或会议上发表论文 20 余篇。

前　言

　　超高层建筑指 40 层以上，高度 100m 以上的建筑物。根据世界超高层建筑学会的新标准，300m 以上为超高层建筑。社会需求是推动超高层建筑产生和发展的最主要动力，随着工业革命带来的生产力的发展和经济繁荣，部分欧美国家的城市化发展迅速，城市人口高速增长，为了在较小的土地上获得更多的使用面积，大量的建筑物开始向高空发展。超高层建筑的发展同样也依赖于先进的科学技术，随着建筑结构材料、结构体系、建筑防火、垂直运输和远距离通信等一系列技术难题的解决，超高层建筑开始快速发展。超高层建筑往往位于城市中心位置，施工过程对周边建筑的扰动以及对生产生活的影响使得施工速度至关重要。

　　针对超高层施工过程的信息化、智能化以及快速施工体系的既有研究存在各类缺失与不足，超高层建筑施工快速智能施工技术方面，既有的相关研究仅拘泥于施工技术、施工管理等某一方面，且相关研究不成体系，无法形成系统化的超高层建筑快速技术施工体系与相应的保障管理措施体系。智能监测与数值模拟技术方面，国内对智能监测系统的研究相对较少，现有监测仪器多借鉴国外传感器技术研制开发。同时，不同监测技术采用的数据库格式不同，缺乏统一标准，因此，监测仪器的适用性受到较大限制。智能管控平台方面，为实现超高层建筑施工中多源信息数据集成化智慧管理，满足超高层建筑施工可视化动态大数据安全诊断与应急管理需求，将土木工程、信息技术、计算机科学领域深度交叉，借助移动与无线传感、结构荷载及性能监测技术、倾斜摄影测量技术、结构时变数值模拟及物联网技术，搭建兼容智能监测、数值模拟、倾斜摄影、BIM 等模块逻辑架构，形成综合性超高层智能信息化施工平台。构建临时结构监测风险数据库与兼容性实景 BIM 模型数据库，解决传统信息平台监控数据离散、信息更新滞后、模块兼容性弱，无法为大体量超高层建筑提供风险动态评估依据等问题。

　　本书依托西安绿地丝路全球文化中心项目与西安荣民科创园项目，从超高层智能化施工优化设计研究、信息化智能施工平台研究、超高层建筑快速施工工艺体系及保障措施和钢管混凝土快速施工及缺陷检测技术研究等角度系统研究了超高层智能化快速施工技术。本书提出了基于数值模拟与优化方法的超高层智能化施工优化设计技术、基于 BIM 与倾斜摄影建模的信息化施工平台、超高层快速施工工艺体系与保障措施、以及基于智能监测与动态数值模拟的钢管混凝土缺陷监测技术。这些技术基于数值模拟方法、优化方法、智能监测与智能监测基于数值模拟方法、优化方法、智能监测等实现，并融合既有的管理技术与施工平台搭建方法，形成了系统的以超高层建筑快速施工为导向的智能化、信息化施工体系与管理控制平台。与国内外同类技术相比，本书提出的方法具有更高的信息化与智能化水平，形成了超高层建筑智能化快速施工体系以及相应的管控平台与管理方法。

　　本书由中铁二十局集团第六工程有限公司崔野编写第 1 章，崔野、段锋编写第 2 章，姜继果编写第 3 章，薛晓宏编写第 3 章和第 4 章，西安建筑科技大学袁一力和博士生周东波编写第 5 章，西安工程大学王雪艳编写第 5 章和第 6 章。

目　录

第1章　超高层智能化快速施工发展动态

1.1　超高层智能施工技术

随着智慧建造、智慧工地等信息化技术的发展，传统的施工管理方法已无法满足当前建筑工程智能化发展的需要，国内外学者开始将目光转向信息化施工管理的研究。

Chen，C S 等人提出了一种新的建筑项目管理系统，称为基于 web 项目的变更管理（WPCM）系统。WPCM 系统有效地响应信息的变化，以促进建设项目环境中项目参与者（如总承包商、供应商和分包商）之间的变更管理。基于网络的技术能够增加施工变更管理中的信息共享，也可以通过互联网节省成本。除了提高总承包商变更控制和管理的效率，以及动态项目跟踪和管理外，拟议的系统还使分包商和供应商能够及时访问和管理变更信息。Yu，Z B 等人提出了一种创新的基于 BIM 的智能现场管理模型，该模型结合了互联网、三维扫描、数字建筑模型、虚拟现实和增强现实，可用于更智能的人力资源管理、机械和资源配置、材料监督、现场访问、质量控制、安全和其他重要信息。Ratajc-zak，J 等人提出了一种基于 BIM（建筑信息建模）和增强现实（AR）的应用程序（称为 AR4C：建筑增强现实），该应用程序集成了基于位置的管理系统（LBMS），提供有关建设项目和任务的特定上下文信息，以及有关建设任务进度和性能的关键性能指标。

近年来，国内在信息化施工管理的研究中取得了很大的进展。赵书良、王艳君和邱志宇介绍了施工单位管理信息系统中对施工场地可视化管理的需求，发现用 PowerBuilder 很少有开发成功的先例，然后以开发成功的某电力建设单位施工场地可视化管理信息系统为基础，介绍了用 PowerBuilder 开发可视化管理信息系统的主要技术与方法。张建平和王洪钧研究将 4D 模型理论和相应的 CAD 技术应用于建筑施工管理领域，研究新的 4D＋＋施工整体模型（4DSMM＋＋）及其相应的数据管理机制；通过建筑物以及施工场地的 3D 整体模型与施工进度计划相链接，及其相关资源的信息集成，实现施工进度、人力、材料、设备、成本和场地布置的动态管理和优化控制，以及整个施工过程的可视化模拟，为建筑施工领域探索新的管理模式和方法，提供一个新的信息管理系统。陈中祥等探讨了基于 GIS 的工程进度管理系统的总体结构和具体实现方法，并对系统的功能进行了详细设计，为工程进度管理系统的设计提供了一种新的实现思路，可为同类系统的系统设计提供借鉴作用。陈远等人给出了一个基于移动计算技术的建筑信息管理构架，又从应用和技术的角度，分别给出了两个具体的应用模型和技术模型；建筑管理人员和系统设计人员可以使用这一模型来选择建筑信息管理战略，确定系统功能，选择移动计算技术，设计系统框架。李鑫生等人提出智能建造的本质是信息监测的概念，同时进一步提出基于建筑信息模型（BIM）的施工信息智能监测体系以及智能监测管理功能架构，将工程监测的被动监督转换为主动监控；基于理论研究，利用计算机技术、WebGL 图形引擎技术等开发"尚理工"施工智能监测平台来实现施工信息的集成化监测与管理，其中通过 BIMFACE 图形引擎实现了 BIM 数据在网页端的轻量化显示；最后，基于 BIM、物联网、Unity WebGL 等提出施工信息监测子模块技术方案，并以基坑监测子模块为例进行了实现。郑顺义等人提出基于建筑信息模型（BIM）技术计算模板用量及管理的方法，该方法根据结构施工图纸和施工方案创建 BIM 模型，结合施工规范计算模板的用量，在计算模板用量的同时，生成了模板的用量报表、模板加工图纸和施工图纸，施工企业根据用量报表采购模板材料，根据加工图纸集中加工模板，根据施工图纸管理工人施工，可以有效地减少模板加工过程中的浪费，提高施工速度和质量，最终降低施工成本。张志得等人设计并实现了建筑施工智能化监测预警管理系统，通过从需求分析和关键技术的实现、系统的整体架构、以及功能模块的实现等方面介绍了系统的设计思路和实现方法。颜斌等人通过施工管理过程中大体积混凝土施工温度监测，混凝土养护湿度监测，建筑施工现场人员智能化管理系统应用，以及综合环境监测等方面的物联网应用技术作为基础，总结应用经验，根据现场需求，开发出物资进场验收系统及大型设备安全监测系统。刘毓氚等人将计算机信息技术引入传统岩土工程施工领域，旨在为软土地基上倾斜建筑物纠偏加固建立一套融计算机可视化技术、神经网络反演预测控制为一体的计算机智能施工控制系统，并将之运用于工程实践之中。刘占省等人提出一种基于数字孪生的智能建造方法，该方法综合物联网、BIM 和有限元模型，搭建了基于数字孪生的智能建造方法框架，该框架中还包含了智能决策平台，使用实时监测数据与理论模型进行对比，进而对物理空间的实际施工过程进行调整与修正。郭红领与潘在仪以 BIM 系统为基础构建施工管理平台，为施工阶段的信息化管理提供了思路；杨红岩等人通过将现有的设计和进度计划管理及资料管理等专业软件及平台整合起来，形成一套信息化项目管理系统并成功应用，推进了项目管理的信息化发展。姚习红等人运用三维激光扫描的建筑信息建模（BIM）技术，对超高层建筑物进行变形监测，结合点云处理软件 Cyclone、CAD 插件 CloudWorx 精确获取目标点云的数据信息，导入 Rhino 或 Tekla 进行三维建模，建立钢结构 BIM 管理模型。

以往的信息化施工管理多以 BIM 技术为基础，倾斜摄影技术的出现为施工管理信息化的发展提供了新思路，刘洋等人提出了一种自主飞行结合手动拍照的古建筑实景模型三维重建的新方法，推进了近景摄影测量在古建筑领域的研究；马茜芮等人将无人机倾斜摄影技术用于地籍调查中，降低了地籍调查的人力物力、提高了效率；刘乾飞等人利用轻小型无人机，开展了旅游景观的三维模型和全景场景的构建。虽然倾斜摄影技术已在多领域的应用中日渐成熟，但当前研究主要集中于模型的创建上，鲜有人将其运用到施工管理中。

1.2 超高层快速施工技术

1. 基础工程施工技术

超高层建筑结构高、体型大，为了保证建筑物的稳定性，超高层建筑的基础埋深一般都非常大，并且要保证基础的刚度大、变形小，防止产生倾覆和滑移，尽量避免地基产生不均匀沉降。因此这就对基础工程的施工技术提出了很高的要求。

目前超高层建筑采用的基础形式主要有桩基础、筏形基础、箱形基础和复合基础，复合基础又主要包括桩-筏基础和桩-箱基础。其中桩基础占有十分重要的位置，按照施工方法可分为预制桩和灌注桩，随着建筑工业的发展，为了适应大型桩基工程的需要，桩基础施工技术既要增加锤重和改进起重、吊装操作工艺，又要减少振动噪声和对环境的污染；目前常用的沉桩方法有锤击法、振动法、压入法和射水法。超高层建筑基坑开挖的过程中经常会遇到场地狭窄而不宜放坡的情况，为了满足垂直开挖的条件，挡土支护技术有了很大的发展。目前常用的有排桩支护、地下连续墙支护、水泥挡土墙、土钉墙等。在基坑中地下水控制方面，重力式降水和井点降水都有了广泛的应用，还试点采用了冻结法；同时采用回灌技术防止由于地下水位控制而造成的临近保护建筑物的地下水流失造成的地基沉降。深基坑在开挖时，针对无支护结构采用放坡挖土，对于有支护结构，主要采用中心岛式挖土和盆式挖土。

2. 结构工程施工技术

在主体结构施工的过程中，模板工程已形成了包含组合模板、大模板、滑升模板和爬升模板在内的成套工艺，组合模板的常见类型是组合式定型小模板和中型组合钢模板；大模板工程已经形成了"内浇外预""全现浇"和"内浇外砌"的施工工艺；滑升模板以竖向模板为主，机械化程度高，整体性好，但对结构体型适应性较差；爬模工艺既可以一次浇筑楼层墙体的混凝土，而且能够随楼层升高而连续爬升，不用每层拆卸和拼装模板，目前已经掌握了倾斜爬升技术和截面收分关键技术。另外整体提升钢平台模板工程技术是具有我国自主知识产权的超高层结构施工模板工程技术，其整体性强，提升时不受混凝土强度控制，施工速度快，适用于对工期要求比较高的施工建筑。

当前超高层建筑混凝土工程具有应用高度不断突破和混凝土设计强度不断增加的特点，施工现场混凝土用量大幅度增加。预拌混凝土可以解决施工现场砂石堆放困难、混凝土搅拌噪声大等问题，同时预拌混凝土搅拌站配备了成套的运输设备，大大提高了混凝土施工的机械水平。高性能混凝土相较于普通混凝土来说，对力学性能和工作性能都有更高的要求，基于此国内外对高性能混凝土配合比设计进行了大量深入的研究，尤其是我国学者陈建奎和王栋民建立的高性能混凝土配合比设计的全计算法更为高效；另外各种外加剂的研究和广泛应用，改进混凝土的工艺和性能起到了明显的作用。针对混凝土超高程泵送的问题，目前应用最广泛的是一泵到顶的施工工艺，其对泵送压力的计算和泵送设备的选取都有了明确的规定。

基于钢这种材料自身存在的优势，在超高层建筑中对钢结构的应用越来越广泛，超高层钢结构可分为全钢结构、钢-混凝土混合结构、型钢混凝土结构和钢管混凝土结构。这其中包括钢构件的安装，构件间节点的连接，构件安装后的校正以及钢管内混凝土的浇筑等技术都有一套成熟的施工工艺。

除此之外还有装饰工程、防水技术、垂直运输设备以及一些现代科学技术等方面在超高层建筑中有广泛应用，并且日趋成熟。相信随着科学技术和超高层建筑的进一步发展，传统的施工技术会得到改进，一些新材料、新技术和新结构也将不断涌现。

国内有很多学者依托实际工程对各项超高层施工技术展开了研究，得出了很多的研究结果。罗作球等人结合工程实例研究了采用粉煤灰和矿粉双掺技术配制 C60 高强高性能混凝土应用关键技术；从混凝土的原材料选择、和易性、经时损失、压力泌水和抗压强度等方面进行研究，通过配合比优化解决高强度等级混凝土黏度与可泵性的矛盾以及泵送损失等问题，阐述了 C60 超高层泵送混凝土的配制关键技术。张希博等人介绍了超高层巨型框架结构桁架层下连次柱的施工技术，通过在次柱施工过程中采用专门设计的临时支撑系统，合理地安排施工顺序，控制加载程序和实施结构变形监测等一系列手段，保证了上部桁架结构在加载完成之前可自由变形，整个巨型结构体系能够按照设想的分工协作方式进行传力，从而实现了巨型框架结构体系中结构的水平荷载与竖向荷载主要由巨柱和桁架组成的巨型结构承担，次柱只承受本层竖向荷载或者上部传递的少量竖向荷载的目的。姜向红等人研究高层及超高层建筑双向同步建造，着重就双向同步施工设计、关键设计要点、转换体系和相关构造设计、双向同步施工动态信息化控制和实时监测体系等方面展开分析和突破，通过理论分析和工程实践，进而形成成熟可行的工程技术总结。夏群根据工程实践资料，介绍了后注浆加固机理，分析了后注浆钻孔灌注桩的承载力和变形特性，总结了后注浆施工工艺关键参数的确定方法，归纳了现场施工质量控制的关键环节。万怡秀等人结合不同地质条件下的若干实际工程，对地下工程施工方案进行了综合对比分析，并对全逆作法、逆作正挖法及部分逆作法的设计关键技术及施工要点进行了阐述。崔家春结合实际工程项目，对爬架附着节点的力学性能分析方法和结果评价方法进行了研究，针对不满足设计和施工要求情况，提出了提高钢筋配筋率、预埋钢骨、增设钢支撑和设置使上、下爬架协同受力拉杆四种技术措施，并给出了四种技术措施的特点。赏莹莹等人以长江传媒大厦为例，研究屋顶钢结构高空滑移施工，施工过程中采取了分榀拼装、累积滑移的施工方案，巧妙地利用不倒翁原理，通过设置高低滑移轨道，有效降低了高空中风荷载带来的不利影响，带来了良好的安全保证和经济效益。李书进等人研究了高性能减水剂和复合膨胀剂双掺技术，提高了混凝土拌合物流动性的同时保持了较高的稳定性和抗离析性；通过严格控制混凝土生产和施工工艺，高抛免振捣混凝土在某高层建筑的钢管混凝土中应用效果良好。

1.3 超高层施工中的智能监测技术

超高层建筑体量大，施工周期长，涉及的工序及专业较多，对整体结构的安全性和稳定性的要求较高；因此，需要在施工过程中对各类施工器械、临时支撑结构、已完成施工结构的施工质量等进行精准的监测，以保证施工质量和施工安全，依据检测结果及时反馈优化施工措施和施工方案，不断提升施工质量和施工效率。

王勇等人采用 BDS＋GPS 技术进行组网监测其投点精度，给出了超高层建筑 BDS＋GPS 监测相应的数据处理策略，对比分析了 BDS、GPS 及组合 BDS＋GPS 3 系统之间，以及与激光投点前地面点坐标之间的差异；其研究发现 GPS 和 BDS＋GPS 组合系统定位精度相当，BDS 定位性能稍差，但满足超高层监测精度要求，利用北斗技术进行超高层建筑基准传递工作具有一定可行性。蔡萍等人利用外贴于钢管外壁的压电陶瓷片作为传感器，通过对压电陶瓷监测波动信号在合适频段上的频响函数的分析，实现钢管混凝土构件界面剥离损伤监测。左自波等人为了精确监控整体爬升平台（ICCP）的作业安全，探讨 ICCP 与超高层安全监控基本原理的内在联系和差异，收集哈利法塔、上海中心、台北 101 大厦等 20 个国内外超高层安全监测工程实例，统计和分析施工期和运营期的关键监测项目及指标，并对监测项目重要性程度进行分级，基于超高层建筑安全监测工程实例的统计分析结果和大量 ICCP 的工程实践，给出 ICCP 关键监测项目及预警指标。杨伯钢等人针对传统的测量技术无法满足超高复杂结构建设的要求，根据超高层建筑工程的特点和难点，通过对我国范围内的超高层建筑施工测量技术的总结，研发了新仪器设备并提出了超高层标高高精度自动传递工艺方法，探索了一套我国"千米"超高层建筑精密施工测量的关键技术。范峰等人以京基金融中心为工程背景，对超高层施工监测系统进行研究，将施工全过程模拟技术运用于测点优化布置，依据施工模拟过程中的结构响应变化规律，制定合理的温度、竖向位移、应力测点布设方案；依据传感器和采集硬件的自身适用标准及相关选型原则，对二者进行具体的优化选型，并运用 Labview 平台开发超高层施工监测软件系统；将无线传输技术运用到系统监测中，制定无线分散式数据传输网络方案，解决复杂施工现场的数据实时传输问题；最后采用合理安装工艺及现场保护措施，对京基金融中心施工监测系统进行现场搭建，并进行现场数据采集。黄玉林等人为了提高超高层建筑整体钢平台模架施工过程的安全性，实时监测整体钢平台模架状态信息和支撑系统状态信息以及实现整体钢平台模架爬升过程同步性，基于传感技术、组态软件技术和 PLC 控制技术，对超高层建筑爬升模架设备安全状态监测、评估、预警及控制进行研究，并研发了智能支撑装置以及整体钢平台模架监控系统；其所研发的智能支撑装置可获得牛腿支撑压力和位移状态信息，并进行反馈控制；工程应用结果表明，PLC＋组态软件＋传感器集成的智能监控系统，可为提高整体钢平台模架爬升的安全性、监测实时性和自动化控制提供重要参考。刘星等人在超高层建筑施工过程中，运用激光测斜技术监控钢平台模架装备上竖向结构柱的垂直度，以期发现装备的倾斜姿态，防止局部过载出现危险。首先通过仿真计算，得到装备内平台上五个变形较大的区域，据此选定内置式激光测斜仪的安装位置，即这些区域内的竖向结构柱顶部；然后将分布在模架装备各处的监测点，搭建成一套基于 CAN 总线的超高层模架装备群柱垂直度监测系统，对多根竖向结构柱的倾斜程度进行实时监测，为优化施工工艺提供数据参考。张倩等人针对地下室逆作与上部结构同时施工的全逆作法，以某工程为例，结合项目周边复杂环境，分析项目重难点，对上下结构同时施工的全逆作法的施工流程、取土方式、梁柱节点处理和差异沉降的影响分析等施工关键技术进行阐述，保证项目施工安全，同时加快工期、节省造价；针对基坑围护结构和紧邻居民楼、道路等周边环境进行监测，各数据均在设计预警及控制值内，变化较为稳定，无异常突变情况，建设过程安全稳定；且不同类别的监测数据之间变化规律相呼应，与施工工况相吻合。上下同时施工的全逆作法施工整体安全可靠，效益明显。秦天保等人为研究智能监测技术应用，以某项目塔冠结构施工监测工程为例，从传感器选择、监测点选择、数据智能化采集处理方面，结合超高层结构健康智能监测特点，分析智能监测难点，阐述智能监测在结构施工过程中的监测原理，分析超高层结构应力、位移监测布点要求及布点原则；进而提出监测方案，得出相关监测数据并对其进行科学处理，同结构仿真模拟分析进行数据对比，印证研究数据的科学合理性，得出相关研究结论。刘占省等人结合某超高层结构，研究了多源信息融合方法、建筑信息模型（BIM）技术在结构监测方案制定、三维可视化施工模拟指导传感器安装及可视化智能监测系统搭建等方面的具体应用，解决了超高层建筑结构监测过程中，由于施工过程复杂并且传感器种类、数量过多导致的未能及时完成监测内容的问题，搭建基于 BIM 技术的智能监测平台，可以更直观地读取监测数据，为类似的超高层建筑施工过程监测项目提供参考。朱宏平等人基于一超高层实际监测数据，研究了其施工期结构温度分布特点及其应力应变演化规律，其研究发现：超高层建筑的外框与核心筒之间，以及结构的不同方位之间，均存在明显的不均匀温度分布，其不均匀程度随着季节而变化。结构在不均匀温度影响下产生不均匀应力变化，外框架竖向应力与季节性温度呈负相关性，主梁在季节温差影响下存在受拉开裂风险。娄俊萍等人以构建科学的超高层建筑施工监测内容及技术体系为支撑，以"全生命周期"精细化管理模式为主线，以超高层塔体周日摆动监测平台为核心，以超高层建筑人机交互式监测平台为补充，建立自动化程度高、前瞻性强的智能施工监测模式，为类似平台建设提供示范意义。兰泽英等人采用多种先进仪器设备，构建超高层建筑施工监测较完备科学的内容体系和技术体系，并对基准平面控制网的建立与维护，施工控制网竖向传递复测，轴线检测，电梯井、核心筒垂直度测量，施工控制网高程基准竖向传递检测，建筑物沉降观测等 6 方面内容做系统阐述，并将研究成果已成功应用于多个超高层建筑施工监测中。

国内对智能监测系统的研究相对较少，现有监测仪器多借鉴国外传感器技术研制开发。同时，不同监测技术采用的数据库格式不同，缺乏统一标准，因此，监测仪器的适用性受到较大限制。智能监测系统亟待解决的技术问题如下：①缺乏统一的技术标准和协议，需建立通用的系统网络通信协议；②当前无线监测仪器的耐久度、信号传输、能源供应等问题给监测工作带来困难，增加监测项目成本，制约监测技术推广，需改进传感器；③现有智能监测系统在远程监控中应用不多，可预见该技术是未来发展趋势，需完善无线监测技术。因此，研究智能有效的监测方案及技术手段是当务之急，也是智能监测技术发展的关键。

1.4 超高层施工中的数值模拟技术

超高层建筑施工期间的结构受力及变形状态复杂，在结构体系、荷载和材料等方面具有较明显的时变性特性。传统的建筑结构设计主要是以给定的、不变的结构为研究对象，施加正常使用阶段结构所承受的所有荷载，进行荷载组合，即只关心结构最终的成型状态，对结构的成型过程关注较少。而实际施工过程具有时效性，整个过程中施工顺序、加载荷载，材料强度、结构的几何参数等因素都在不断变化，忽视这些差异会对整个结构的安全产生隐患。因此，需要借助有限元模拟对整个建筑结构的施工过程进行仿真分析，实时掌握各个施工阶段中结构的受力和变形状态，明确主要构件的受力状态及结构变形的变化规律，确保施工过程的可靠性和经济性，为下一步施工提供理论依据和指导。

近年来，有不少学者依据实际项目对超高层施工开展数值模拟研究，段向胜等人在某超高层施工现场布置远程实时在线施工监测系统，以检验施工过程的安全及结构施工完成后的状态是否满足设计要求；利用 ANSYS 的单元生死技术对结构在施工过程中慢性时变应力状态进行施工模拟，通过和监测结果进行对比，为结构施工的安全顺利进行提供了保障，并根据分析和监测结果指出进行施工预调的必要性。段向胜等人以采用钢板剪力墙系统的某超高层钢结构建筑为例，为减轻结构的特殊性和施工过程对结构应力状态造成的影响，在两种类型钢板墙的重要位置布置了传感器，对施工过程进行了应力监测；通过改变焊接顺序和焊接速度监测了剪力墙焊接应力场及残余应力场的变化；同时采用间接和直接的耦合分析方法分别对结构的应力状态和热效应进行了有限元模拟，在分析中采用了单元生死技术模拟焊接过程对结构的温度和应力场的影响，与温度场和应力场监测结果的对比分析证实了有限元模拟的有效性。白雪等人以实际工程为例，对顶升模板体系进行设计，借助 SAP 2000 对系统进行数值模拟和模态分析，进而对整个顶升模板体系进行优化设计，得出最优的设计方案。孙学水等人研究某自承重悬挂体系的超高层悬挂钢结构中临时支撑结构的拆除方案，为确保荷载的平稳传递和转换，通过详细模拟结构在施工过程中应力及位移的变化过程，为该工程提供指导，并对同类工程提供借鉴意义。李秋胜等人为研究超高层建筑在传统模拟过程中未考虑施工过程和时变荷载效应的问题，以某超高层工程为例，用 Midas Gen 软件将结构分成了 25 个施工阶段进行了施工全过程模拟，研究了考虑收缩徐变作用下核心筒和巨柱的竖向累积变形规律及其变形差异；模拟结果表明：超高层建筑中混凝土收缩徐变引起的变形约占总变形的一半，其影响不能忽略；同时研究了结构的带状桁架、伸臂桁架、巨型斜撑和 V 型支撑等关键部位随施工阶段的应力变化规律，结果显示结构不同位置的杆件受力情况不同，桁架层的弦杆应力随施工阶段变化较小而腹杆应力随施工阶段变化较大，结构设计中可针对不同受力的构件设计不同截面，结构竣工后杆件所受应力均小于材料强度设计值。薛建阳等人以某超高层项目为对象，运用 Midas Gen 软件，考虑结构刚度、几何形态、边界条件、施工荷载以及材料性质的时变特性，对结构进行施工过程仿真模拟，对传统加载模拟、未考虑找平施工模拟和考虑找平施工模拟三种计算方案下的结构竖向变形进行对比分析，并对外框柱、核心筒的竖向变形组成成分以及不同施工找平措施下二者竖向变形差进行对比分析；结果表明：考虑找平的施工模拟计算结果与传统加载模拟和未考虑找平的施工模拟计算结果差异较大，得到的结构施工竖向变形规律表现为中间大、两端小；弹性变形对结构竖向总变形起控制作用，徐变变形次之，收缩变形影响最小；混凝土收缩、徐变以及施工找平因素对结构竖向变形规律影响较大，不容忽视。杨慧杰等人为研究超高层结构施工过程中的变形和应力规律，以某超高层项目为背景，对结构进行施工全过程监测，得到结构在施工过程的变形和应力数据；建立了考虑施工过程的有限元模型，综合施工模拟数据与监测数据对竖向变形及应力发展规律进行分析；研究结果表明：施工过程中结构竖向变形随施工进度稳定增长；竖向变形差和关键构件应力在整体变化规律和极值上吻合较好。张凤亮等人以某超高层项目为工程背景，基于施工阶段叠加法的分析原理，同时考虑混凝土材料收缩徐变特性、混凝土核心筒配筋率的影响以及伸臂桁架延迟连接措施，运用 Midas Gen 软件对该项目进行施工过程模拟，计算分析塔楼竣工时刻结构的竖向变形和次结构（如伸臂桁架）的附加应力，并通过简单的理论公式推导得出结构竖向构件预找平计算方法，在此基础上，求出结构竖向构件预找平值，为施工方确定构件下料长度提供参考，弥补构件变形，尽可能使结构在竣工后满足设计要求。田娥等人为保证某超高层施工过程中一钢结构平台的安全，根据现场施工方案的要求建立计算模型，根据现场实际情况提出施工荷载，使用有限元分析软件模拟实际施工过程中钢平台最不利的工况，分析模拟钢结构平台投入使用后的实际情况，最后通过对实物的现场监测数据与模型数据对比，综合分析数字化结果并得出此平台设计合理安全可靠，在类似的大型钢平台的设计中具有推广意义。胡力绳等人针对是否考虑施工模拟以及施工模拟中是否考虑弹簧支座等多种因素，对此超高层结构的施工全过程进行了仿真分析；分析结果表明：施工模拟下结构构件竖向位移均表现为先增大后减小，与传统一次性加载下竖向位移的表现不同；同时，考虑弹簧支座会对超高层结构竖向构件的位移和内力产生一定影响，考虑弹簧支座后该超高层结构竖向构件的最大位移和最大轴力都有所增加，梁端弯矩也明显增大，因此若实际工程设计中不考虑施工模拟以及施工模拟中不考虑弹簧支座将偏于不安全。吴玖荣等人以竖向布置沿高度多次内缩的某超高层建筑为研究对象，采用了有限元分析软件 ETABS，对该结构进行了全过程的施工模拟力学性能分析；对其分别考虑一次性整体加载、不考虑混凝土收缩徐变和考虑混凝土收缩徐变，各施工楼层的竖向位移、水平位移和部分主要构件内力的变化情况，以及施工至部分主要楼层时考虑外筒框架向阳面与背阳面温差作用对结构水平位移的影响；结果表明：对于竖向布置沿高度多次内缩的超高层建筑结构，对其结构水平位移的分析与对竖向位移的分析同等重要；考虑混凝土收缩徐变时，其对施工期结构竖向变形的影响明显要大于其对结构水平变形的影响，特别是在此类建筑的后期施工和使用阶段；考虑向阳面与背阳面温差与否对结构水平位移影响较为明显。曾凡奎等人为保证顶升模架结构在施工过程中的结构安全，基于该液压顶升模架系统的结构整体及工作原理，采用有限元软件建立了顶升模架结构体系的有限元模型，对顶升模架系统在各工况下的应力值进行模拟，并采用应力监测系统对结构关键点在不同工况下进行了应力监测；通过对相同工况和荷载组合下顶模应力的实测值和模拟结果进行对比。大体积混凝土方面，水化热开裂问题与温控技术最早出现在水坝碾压混凝土施工领域。随着超高层建筑的发展，大体积混凝土基础问题也逐渐得到广泛关注。19 世纪，美国的胡佛水坝首次通过冷却水管进行温度控制，冷却水管可以有效对大体积混凝土内部温升以及内外温差进行控制。我国在相近时间也有众多学者对大体积混凝土冷却水管降温过程中的应力计算与温度场计算进行了详尽的研究。但由于较高的造价以及繁琐的施工流程，其在超高层建筑大体积混凝土基础中的应用具有一定的局限性。基于智能监测的动态温控措施调控以及基于数值模拟的温度应力场预测是大体积混凝土施工的前沿课题与发展方向。刘毅等研发了混凝土开裂全过程仿真试验机，实现了温控历程的优化设计和现场精准调控。刘德宝等基于 DUCOM-COM3 数值模拟平台对比分析了大体积河砂混凝土与大体积机制砂混凝土的温升特征。大体积混凝土温度应力场预测分析能够为检测方案的制定以及温控措施方案的选择提供依据。数值模拟的准确与否取决于计算参数的准确与否，然而现阶段尚未有统一的参数计算规范，限制了温度应力场预测技术的应用推广。

针对该问题，本书提出采用现场模型试验结合参数反演分析的方法进行模拟参数标定，从而实现基础大体积混凝土温度应力场的准确预测。通过实际应用，实现了大体积混凝土基础的无缝浇筑施工，验证了方法的有效性。

1.5 超高层智能管控平台研究

随着技术手段的飞速发展，各个行业都经历了从传统模式向信息化模式发展的阶段，建筑业也不例外，由于建筑目标的附加信息日益增多，其管理水平也需要得到同步提升。针对超高层建筑结构复杂、施工管理难度大的问题，需要构建一个适用于超高层信息化施工管理平台，以实现超高层"实时、动态、可视化"的信息化管理，提高超高层施工管理水平和效率。

陈伟光等人介绍了钢结构平台桁架模块化组合、多功能施工集成、同步升降控制和防坠落保护等关键技术，分析了钢结构平台的安全性、经济性和安装便捷性；研究和示范工程建造表明，落地式空中造楼机钢结构平台能够满足平台同步升降、物料竖向与水平转运、模板自动开合、混凝土浇筑与施工人员安全操作的要求。龚剑等人基于建筑工程施工关键风险要素数字化监控技术的发展现状，从施工现场人员安全管理、设施设备数字化监测及控制、整体爬升模架安全状态监控、垂直运输设备安全状态监测、施工环境安全状态监测预警等方面系统论述了现场施工关键风险源的数字化监控要点及应用方法，介绍了施工风险一体化集成监控平台功能设置、数据采集与分析、风险评估、控制措施的开发要点，分析了建筑工程施工风险数字化监控技术存在的不足和研发的重点。房有亮等人针对建设单位在建项目增多而管理力量薄弱的问题，提出了数字化项目管控的概念，即从管理者的角度出发，以信息化为手段，实现对建设单位所管辖项目规范管理、远程监管、可视监管的数字化管理；基于模型轻量化显示技术、软件系统集成技术等信息化技术，提出了数字化项目管控平台，包括在线管控、综合统计、辅助功能、数据上报四个模块，实现了调度管理、视频监控、监控量测、盾构监控等各子系统的搭建，最终实现保安全、保质量、控进度的数字化管理目标。尹欣等人结合某项目特点，在引入 BIM 技术的基础上结合钢结构建筑的特点建立综合性的管控平台，对 BIM 技术在钢结构建筑建造过程中对人员以及施工进度、安全、成本、质量的管理进行分析。次晓乐等人通过对《绿色施工导则》《建筑工程绿色施工评价标准》GB/T 50640 及《建筑工程绿色施工规范》GB/T 50905 的研究，借助课题组开发的绿色施工监控管理平台，构建绿色施工分项评价指标与影响因素的信息化模型，与现场原有的绿色施工信息模型结合，导入绿色施工监管平台，通过平台实现信息化模型携带的指标数据与平台采集的现场数据比对，并作出相应绿色施工评价。张建基等应用建筑信息模型、物联网等技术，研究施工综合监控平台施工技术，实现对施工项目人员、设备、环境及结构的一体化智能监控；毛超等研究智能建造理论框架与核心逻辑构建，形成智能建造理论体系；胡平研究的基于互联网＋安全生产相结合的安全管理模式，为建筑施工智能安全监控提供了新思路。耿涛等人基于 BIM 建筑管控模式，加强施工现场管理，促进各个专业之间有效沟通与对接，减少实际施工中的不确定因素，形成联结的组织结构和信息集成系统，实现对建筑进行整体的模拟分析，形成正确的施工策略。梁春燕指出在工地中推行智慧化信息技术是一种对于工程全生命周期的新型管理理念，即代指项目的现代化信息建设；通过信息化平台、互联网协同、三维模拟以及 BIM 技术等进行工程管理，安全协同以及智慧化施工等，对于各项数据与步骤进行巧妙协同，实现智慧化与智能化管理，提升工程的信息化水平；但在目前的智慧化信息技术应用中，还存在较多问题，需要进行更加精细化的分析与应用，达成高效智慧与应用调度。倪祥祥等人通过对智慧工地理念下的 BIM 管理体系进行分析，提出基于 BIM 的施工交互管理体系；在 BIM 与智慧建造概念基础上，借助人工智能、无线传感等手段，发挥物联网、互联网和传感网等网络组织作用，探索运用新技术改变传统施工管理方式，构建 S-C-R 智慧工地信息交互平台系统，为促进智慧建造体系构建提供参考。马洪伟通过落实完善的管理机制，加强对塔式起重机的施工质量控制，以此确保塔式起重机能够在房建施工项目当中安全运行。傅育研究了土木建筑工程施工管理及高层住宅施工，对建筑工程与高层住宅管控现状进行了分析，指出了土木建筑工程施工管控和高层住宅施工中存在的问题，最后介绍了土木建筑工程住宅工程施工管控的注意事项。间加林提出建筑智能化工程的主体是数字化与智能化技术，包括设备自动控制、安全技术防范、火灾自动报警等各类子系统；从提升建筑施工管理效益层面，分析智能化工程项目施工的特点及问题，围绕项目施工管理的专业性、系统性要求，从施工质量、施工成本、施工安全、施工进度、施工风险及项目协同管理等方面提出改进建议。朱芳为解决当前建筑工程施工现场管控效果不符合实际要求问题，开展对管控重要性及措施的研究，通过建立基于6S的施工现场管控结构框架、建筑工程施工现场3D模拟及合理布置、基于监控摄像头的施工现场全面监控，提出一种全新的管控方法；通过工程项目应用分析证明，新的管控方法在应用到真实建筑工程项目当中可实现对现场的有效管控，保障施工现场的施工安全、施工质量以及施工进度。张鑫结合一些智能技术手段的功能特点，构建了智能安全管理系统，并从构建目标及实施的必要性、设计思路及系统模型构建、主要影响因素指标纳入系统管控的机理来详细展开分析；制定一套基于智能安全管理系统的管控方案，并设计出关于系统整体管控、施工人员行为监管模块、管理制度落实模块、机械设施监管模块、现场巡查管理模块在内的五方面管控流程；最后，将智能安全管理系统及其管控方案，应用至无锡某养老综合体项目的安全管理过程中，通过效果评价，得出智能安全管理系统在辅助施工现场管理人员实施安全管理影响因素管控方面，具有一定的应用价值，值得借鉴参考。

为实现超高层建筑施工中多源信息数据集成化智慧管理，满足超高层建筑施工可视化动态大数据安全诊断与应急管理需求，将土木工程、信息技术、计算机科学领域深度交叉，借助移动与无线传感、结构荷载及性能监测技术、倾斜摄影测量技术、结构时变数值模拟及物联网技术，搭建兼容智能监测、数值模拟、倾斜摄影、BIM等模块逻辑架构，形成综合性超高层智能信息化施工平台。构建临时结构监测风险数据库与兼容性实景BIM模型数据库，解决传统信息平台监控数据离散、信息更新滞后、模块兼容性弱，无法为大体量超高层建筑提供风险动态评估依据等问题。

1.6 存在的问题

（1）快速智能施工技术方面，既有的相关研究仅拘泥于施工技术、施工管理等某一方面，且相关研究不成体系，无法形成系统化的超高层建筑快速技术施工体系与相应的保障管理措施体系。

（2）智能监测与数值模拟技术方面，国内对智能监测系统的研究相对较少，现有监测仪器多借鉴国外传感器技术研制开发。同时，不同监测技术采用的数据库格式不同，缺乏统一标准，因此，监测仪器的适用性受到较大限制。智能监测系统亟待解决的技术问题如下：①缺乏统一的技术标准和协议，需建立通用的系统网络通信协议；②当前无线监测仪器的耐久度、信号传输、能源供应等问题给监测工作带来困难，增加监测项目成本，制约监测技术推广，需改进传感器；③现有智能监测系统在远程监控中应用不多，可预见该技术是未来发展趋势，需完善无线监测技术。因此，研究智能有效的监测方案及技术手段是当务之急，也是智能监测技术发展的关键。

（3）智能管控平台方面，为实现超高层建筑施工中多源信息数据集成化智慧管理，满足超高层建筑施工可视化动态大数据安全诊断与应急管理需求，将土木工程、信息技术、计算机科学领域深度交叉，借助移动与无线传感、结构荷载及性能监测技术、倾斜摄影测量技术、结构时变数值模拟及物联网技术，搭建兼容智能监测、数值模拟、倾斜摄影、BIM等模块逻辑架构，形成综合性超高层智能信息化施工平台。构建临时结构监测风险数据库与兼容性实景 BIM 模型数据库，解决传统信息平台监控数据离散、信息更新滞后、模块兼容性弱，无法为大体量超高层建筑提供风险动态评估依据等问题。

1.7　研究内容与技术路线

本项目针对超高层建筑施工过程中的技术与管理问题，研究了基于理论分析与数值模拟的施工优化设计，开发了超高层建筑施工信息化智能施工平台，总结了超高层建筑快速施工工艺体系及保障措施，实现了钢管混凝土快速施工及缺陷监测技术，具体研究思路如下：

一、超高层智能化施工优化设计研究

1. 新型免落地式钢筋桁架楼承板临时支撑设计及布置优化

介绍两种新型免落地临时支撑形式，在结构主梁上设置主、次龙骨分担上部荷载。建立数值模型，通过改变临时支撑的布置形式，对比各模型下钢筋桁架楼承板的挠度，从而比较各临时支撑布置形式对楼承板受力能力的改善效果，最终对布置方案提出优化。分析结果表明，通过增加临时支撑主、次龙骨、减小次龙骨间距等措施可减小结构变形；在主、次龙骨间增设传力构件，可更好地改善钢筋桁架楼承板的受力情况。

2. 后浇带水平传力构件优化设计分析

对地下结构后浇带内布置的水平传力构件进行优化设计，通过试验研究结构混凝土在不同龄期下各项性能指标，并通过 ABAQUS 有限元软件模拟计算不同混凝土龄期下，不同形式水平传力构件支护效果。采用智能监测系统，对结构安全状况进行实时监测，并将监测结果与方案设计计算结果进行对比分析。研究表明，在不同混凝土龄期下，无论采用何种支护形式，结构水平位移折减系数均在 3% 以内；锚固连接支护效果要优于焊接连接，采用锚固连接构件截面形状对支护效果影响不大，而采用焊接连接方形截面支护效果最好，H 形截面支护效果最差。

二、信息化智能施工平台研究

1. 基于 BIM ＋倾斜摄影技术的超高层信息化管理

结合 BIM 模型、基于倾斜摄影的建筑物外部三维实景模型、内部构件三维实景模型以及进度计划软件，构建超高层信息化施工管理平台，以实现超高层"实时、动态、可视化"信息化管理，提高超高层施工管理水平和效率，为超高层施工管理提供新思路。

2. 基于建筑信息模型的施工电梯管控平台

提出基于建筑信息模型的施工电梯管控平台，一方面可以对施工电梯运行情况进行实时监控，对施工电梯运行过程中出现的异常情况进行预警，降低施工电梯安全事故的发生概率。另一方面，本平台可以对施工电梯操作人员的操作行为以及施工电梯的运行参数进行记录，进而帮助管理者对现场施工人员进行针对性的培训，并在必要时可作为事故调查依据。同时，平台终端可视化的施工电梯实时运行位置，提高了施工电梯的运行效率，及时满足现场人员的乘坐需求。

3. 综合性超高层智能信息化施工平台研究与应用

为实现超高层建筑施工中多源信息数据集成化智慧管理，满足超高层建筑施工可视化动态大数据安全诊断与应急管理需求，将土木工程、信息技术、计算机科学领域深度交叉，借助移动与无线传感、结构荷载及性能监测技术、倾斜摄影测量技术、结构时变数值模拟及物联网技术，搭建兼容智能监测、数值模拟、倾斜摄影、BIM 等模块逻辑架构，形成综合性超高层智能信息化施工平台。构建临时结构监测风险数据库与兼容性实景 BIM 模型数据库，解决传统信息平台监控数据离散、信息更新滞后、模块兼容性弱，无法为大体量超高层建筑提供风险动态评估依据等问题。

三、超高层建筑快速施工工艺体系及保障措施

1. 超高层快速施工工艺体系

为弥补超高层建筑快速施工技术研究的不足，以绿地丝路全球文化中心项目超高层建筑为背景，从施工、管理、资源优化 3 方面进行阐述，包括液压爬模技术、混凝土侧抛免振技术、超厚筏板钢筋支撑技术等新技术，并结合基于智能建造理论的信息化施工、动态施工模拟、倾斜摄影等关键技术在超高层快速施工中的应用，形成超高层快速施工工艺体系。该体系使整个施工过程各工序间紧凑有序，在保证工程质量的前提下可缩短工期。

2. 基于反演分析的大体积混凝土温控研究

提出采用现场模型试验与参数反演分析结合的方式进行数值模拟计算参数优化。在此基础上对不同环境条件下的大体积电梯井基础混凝土结构水化热控制数值模拟试验，结合实际施工计划流程进行相应的施工技术手段控制。通过对现场模型试验的监测结果进行反演分析，所得出的数值模拟计算参数能够全面反映混凝土温升特性、施工环境、保温措施等因素影响。

3. 内爬式塔式起重机基础下方连梁钢支撑加固数值模拟

通过 Midas Gen 有限元软件建立模型计算不同工况下内爬式塔式起重机基础钢梁对核心筒作用点的荷载分布，以及在不同工况下，核心筒的受力变形情况，找出最不利工况方向，加强安全监测。同时，考虑柱型和 V 型两种常用临时支撑结构对核心筒的影响。

四、钢管混凝土快速施工及缺陷监测技术研究

1. 超高层钢管混凝土柱侧抛免振浇筑技术

解决钢管混凝土配合比设计、钢管截面设计、质量保障措施等技术问题，介绍一种超高层钢管混凝土柱侧抛免振浇筑技术。

2. 基于正交试验设计的带缺陷钢管混凝土轴压承载力分析

通过有限元正交试验研究缺陷率、缺陷位置和缺陷形状 3 个因素对钢管混凝土构件承载力的影响，3 个影响因素分别设置 4 个水平，选取合适的正交表形成正交试验方案。研究结果表明，3 个因素对承载力的影响程度为：缺陷率＞缺陷位置＞缺陷形状；当缺陷率不大时，角部缺陷对构件承载力的影响要小于中心和边部缺陷的构件，而当缺陷位于构件中间部位时，缺陷位置对构件承载力影响较小。

3. 矩形钢管混凝土柱初始缺陷随机有限元分析

研究矩形钢管混凝土柱核心区混凝土内部随机几何缺陷对构件承载力的影响，基于 ABAQUS/Python 二次开发，建立带有内部随机缺陷的钢管混凝土柱有限元模型。通过多次循环计算生成大量带有不同几何缺陷类型的模型，分析不同模型计算得到的承载力数值，总结缺陷分布位置和大小对结构承载力的影响规律。

本项目关键技术路线如图 1.7-1 所示：

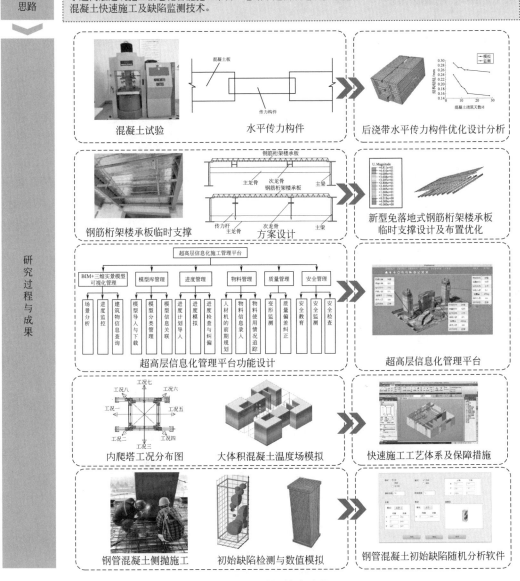

图 1.7-1　关键技术路线

第 2 章　超高层智能化施工优化设计研究

2.1　新型免落地式钢筋桁架楼承板临时支撑设计及布置优化

2.1.1　临时支撑设计

一、传统临时支撑存在的问题

　　钢筋桁架楼承板通过将钢筋加工成钢筋桁架，刚度较大，在一定跨度范围内可承受自重及施工荷载。当跨度较大时不可避免地在跨中位置出现较大挠度，为确保楼承板整体的强度、刚度和稳定性，在楼承板安装后混凝土浇筑前，需在楼承板下设置临时支撑，临时支撑与楼承板作为整体共同承受构件自重及施工荷载。传统的临时支撑多采用满堂钢管支撑的形式，这种做法耗材多，安装和拆卸工序复杂，周转周期长，占用大量的施工空间，综合成本较高；且这种做法须在下层混凝土浇筑并养护完成达到一定强度后才能在其上面支设，整个施工过程只能自下而上进行，严重降低施工效率，对施工工期产生不利影响，难以满足超高层建筑快速施工的要求。综上所述，亟须设计一种安装、拆卸方便，占用空间较小，不依赖于下层混凝土施工，从而可提升施工效率的临时支撑装置。

二、设计方案

　　针对临时支撑的结构形式，本书提出采用型钢作为施工荷载的承受载体，沿楼承板长、短边方向双向布置，将荷载传递给结构，如图 2.1-1 所示。具体设计方案如下：

图 2.1-1　钢筋桁架楼承板临时支撑结构

1. 方案 1

临时支撑的主、次龙骨直接接触，先布设沿长边方向的型钢，型钢上表面与楼承钢板直接接触，两端端部与结构主梁腹板接触，为确保型钢端部的稳定，用木方将端部支撑在主梁下翼缘上。然后布设沿短边方向的型钢，与沿长边方向布置的型钢直接接触，端部也与主梁腹板直接接触，为确保稳定性，端部需通过螺栓与主梁加劲肋连接。方案 1 立面如图 2.1-2 所示。

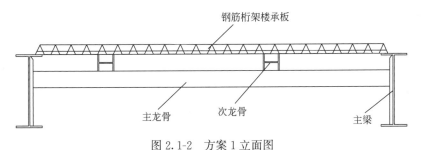

图 2.1-2 方案 1 立面图

2. 方案 2

临时支撑的主、次龙骨不直接接触，用支撑构件连接，该支撑构件主体为实心圆钢，上部焊接矩形钢垫块用于支撑上部次龙骨，下部与主支架接触处对应于主龙骨的位置焊接有空心圆柱套筒，支撑构件下部穿过空心圆柱套筒，在空心套筒上部用卡箍将支撑构件固定在主支架上。主龙骨端部延伸到钢梁腹部，并直接搭设在主梁下翼缘上，无需其他加固措施。方案 2 立面如图 2.1-3 所示。

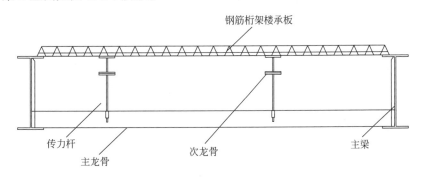

图 2.1-3 方案 2 立面图

对于型钢的选择，需先通过荷载承载力验算，并结合实际供应情况选取合适的材料及截面尺寸，确保构件的强度、刚度和稳定性。型钢的长度根据楼承板尺寸进行设计，对于适用于不同楼层的型钢要分别编号，并分别放置。

三、技术特点

采用上述形式作为钢筋桁架楼承板的临时支撑，可保证两者作为一个整体共同受力，能提升楼承板的强度、刚度和稳定性。临时支撑直接搭在结构主梁上，相较于满堂钢管支撑，其所占施工空间小，且不受其他楼层施工进度的影响，实现多楼层平行施工，可有效提高施工效率，缩短施工工期，降低施工成本。这种临时支撑体系耗材较少，且取材方便，可做到循环利用，操作方便，对工人的操作能力要求较低。上述两种方案的区别主要在于临时支撑结构的固定方式，方案1中的临时支撑结构不与结构梁下翼缘板接触，须通过特殊措施固定临时结构端部；方案2中的临时支撑结构主龙骨直接搭在结构下翼缘板上，无需其他加固措施，主、次龙骨间设有传力构件，用于传力和固定主、次龙骨。两种结构形式均可用于超高层建筑施工，钢筋桁架楼承板上混凝土完全凝结硬化前的临时支撑，其构件长度根据结构的实际跨度选取。

2.1.2 临时支撑布置方案优化

一、有限元建模

1. 模型概述

由于本书主要研究临时支撑对钢筋桁架楼承板受力性能的影响，建立有限元模型时，考虑只建立底部压型钢板和下部临时支撑，钢筋桁架楼承板自重、混凝土自重及施工活荷载以力的形式加在钢板上。对底部压型钢板建模时，忽略闭口式压型钢板复杂造型，对突出部分的用钢量进行换算，并根据其对应尺寸位置添加到对应结构杆件中。

2. 模型尺寸

为简化比较过程，在建模分析过程中保持压型钢板面积及其上部受荷大小相同，主要比较不同布置方案下的钢板挠度大小。本书选取的压型钢板跨度为5m，沿梁方向布置16个相同规格的压型钢板，长9.216m。临时支撑的主、次龙骨均选取 H125×125×6.5×9，设计方案2中的传力构件选用 $\phi50$ 圆钢管，上、下两端有 10mm 厚垫片。两种方案有限元模型如图 2.1-4 所示。

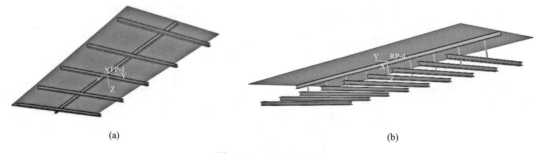

(a)　　　　　　　　　　　　　　　(b)

图 2.1-4　有限元模型
（a）方案 1；（b）方案 2

3. 模型单元

有限元模型中，底部压型钢板采用4结点减缩积分格式的 S4R 壳单元来模拟，壳单元厚度方向采用9个积分点的 Simpson 积分方法，型钢支撑采用8结点减缩积分格式的 C3D8R 三维实体单元。

4. 接触与边界条件

压型钢板和底部临时支撑的相互作用采用表面与表面接触，定义接触属性时，法线方向的接触采用"硬"接触，切线方向摩擦公式定义为"罚"，摩擦系数为0.1。力的加载方式为在压型钢板上部施加均布荷载。在压型钢板四周和临时支撑端部板施加三向位移约束和三向转角约束。

5. 荷载施加

根据《组合结构设计规范》JGJ 138—2016 中的规定，在施工阶段钢筋桁架楼承板所承受的荷载由永久荷载和可变荷载组成，永久荷载主要考虑压型钢板、钢筋和混凝土自重；可变荷载主要考虑施工荷载和附加荷载，据此在模型中楼承板上表面施加等效均布荷载。

二、方案优化与施工参数分析

依据上文提到的两种临时支撑连接方式建立 3 组对比试验，共 13 个模型。其中第 1 组试验共设置 3 个模型，各模型中均只设置 1 根次龙骨，通过改变主龙骨数量及临时支撑的连接方式进行对比分析；第 2 组试验共设置 5 个模型，各模型中次龙骨数量均为 2 根，通过改变次龙骨间距、主龙骨数量和构件连接方式进行对比分析；3 组试验同样设置 5 个模型，各模型中次龙骨数量增加为 3 根，其余变量与第 2 组相同。典型变形云图如图 2.1-5 所示。

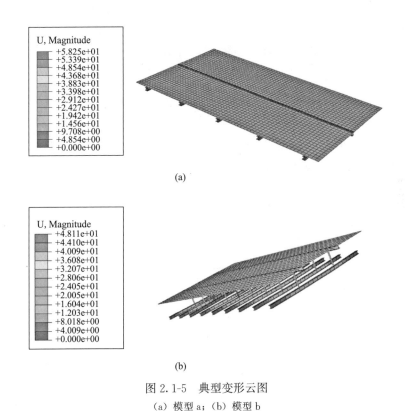

(a)

(b)

图 2.1-5　典型变形云图

（a）模型 a；（b）模型 b

1. 第 1 组试验

本组共设置 3 个模型进行对比，模型 a 依据第 1 个布置方案，先沿板长边反方向在中间位置布置 1 根次龙骨，再沿短边方向间隔 2m 布置根主龙骨，模型 b 也依据第 1 个布置方案，先沿板长边反方向在中间位置布置 1 根次龙骨，再沿短边方向间隔 1m 布置 9 根主龙骨；模型依据第 2 个布置方案先沿板长边反方向在中间位置布置 1 根次龙骨，再沿短边方向间隔 1m 布置 9 根主龙骨，主、次龙骨间布置 5 个传力构件，模型信息见表 2.1-1。

第 1 组模型信息 表 2.1-1

临时支撑		模型		
		a	b	c
主龙骨	数量/根	5	9	9
	间距/m	2	1	1
次龙骨	数量/根	1	1	1
	间距/m	0	0	0
传力构件		无	无	有

经有限元计算不同模型在相同荷载作用下压型钢板最大挠度值可得，有次龙骨作用的压型钢板被一分为二，最大挠度均位于板跨中位置处，模型 a、b、c 的最大挠度分别为 50.6mm、45.9mm、44.0mm，模型 b 相较于模型 a，最大挠度减小了 9.3%，说明对于方案 1 来说，增加主龙骨数量可减小挠度变化；而模型 c 相较于模型 b，最大挠度减小了 4.1%，说明主、次龙骨布置方式相同时，采用方案 2 的效果更好。增加主龙骨可改善结构变形，但次龙骨数量较少，对结构变形的改善不显著。

2. 第 2 组试验

本组设置 5 个模型进行对比，对照第 1 组，模型 d 在模型 a 的基础上沿长边设置 2 根次龙骨，间距为 2m；模型 e 在模型 d 的基础上改变次龙骨间距为 1m，模型 f 在模型 d 的基础上改变主龙骨间距为 1m，主龙骨数量为 9 根；模型 g 在模型 e 的基础上改变主龙骨间距为 1m，主龙骨数量为 9 根；模型 h 在模型 g 的基础上依照方案 2 在主次龙骨间设置传力构件，模型信息见表 2.1-2。

第 2 组模型信息 表 2.1-2

临时支撑		模型				
		d	e	f	g	h
主龙骨	数量/根	5	5	9	9	9
	间距/m	2	2	1	1	1
次龙骨	数量/根	2	2	2	2	2
	间距/m	2	1	2	1	1
传力构件		无	无	无	无	有

模型 d、e、f、g、h 的最大挠度分别为 44.5mm、41mm、38.8mm、37mm、33mm。相对于第 1 组，第 2 组增加了 1 根次龙骨，模型 d 相较于模型 a，最大挠度减小了 12%，模型 e 相较于模型 d，最大挠度减小了 7.9%，相较于模型 a 减小了 19%，说明增加次龙骨比只增加主龙骨对于结构变形的改善更明显；模型 f 相较于模型 a，最大挠度减小了 23.3%，模型 g 相较于模型 a 减小了 26.9%，说明在次龙骨数量增加的基础上，增加主龙

骨对于结构变形的改善比只增加主龙骨数量的情况要好，同时当主龙骨数量增加时，改变次龙骨的间距对结构变形改善的影响不大；而模型 h 相较于模型 g，最大挠度减小了 10.8%，相较于模型 a 减小了 34.8%，在主、次龙骨布置情况相同的情况下，方案 2 的效果更明显。

3. 第 3 组试验

在第 2 组模型的基础上，继续增加次龙骨数量，沿压型钢板长边布设 3 根次龙骨，模型 i、j 的主龙骨均为 5 根，次龙骨间距分别为 1.5、1m；模型 k、l 主龙骨均为 9 根，次龙骨间距分别为 1.5m、1m，模型 m 在模型 l 的基础上设传力构件，模型信息见表 2.1-3。

第 3 组模型信息　　　　　　　　　　　　　　　　表 2.1-3

临时支撑		模型				
		i	j	k	l	m
主龙骨	数量/根	5	5	9	9	9
	间距/m	2	2	1	1	1
次龙骨	数量/根	3	3	3	3	3
	间距/m	1.5	1	1.5	1	1
传力构件		无	无	无	无	有

模型 i、j、k、l、m 的最大挠度分别为 33mm、29mm、27mm、26mm、23mm。模型 i 相较于模型 d，最大挠度减小了 25.8%，相较于模型 a 减小了 34.8%，说明增加次龙骨对挠度控制效果明显，模型 j 较于模型 e，最大挠度减小了 29.3%，相较于模型 a 减小了 42.7%，说明增加次龙骨时，减小次龙骨间距有利于改善结构变形。模型 k 的相较于模型 a，最大挠度减小了 46.7%，模型 l 相较于模型 a，最大挠度减小了 48.6%，说明增加主龙骨对挠度控制效果明显，当主龙骨数量达到一定程度时，减小次龙骨的间距对挠度控制效果不明显。模型 m 相较于模型 l，最大挠度减小了 11.5%，相较于模型 a 减小了 54.5%，说明按方案 2 布置临时支撑的受力效果更明显，在材料供应充足的情况下，可采取方案 2 并增加主、次龙骨数量进行布置。

通过对比 3 组试验可发现，次龙骨的布置对于改善结构变形效果较明显，随着次龙骨数量的增加，结构变形逐渐减小，通过增加主龙骨或减小次龙骨间距对于结构挠度控制效果更显著；但当主龙骨布置数量较多时，通过减小次龙骨间距来改善结构变形的效果不显著；在主、次龙骨布置方式相同的情况下，方案 2 的效果明显优于方案 1。

2.2　后浇带水平传力构件优化设计分析

2.2.1　混凝土弹性模量及抗压强度试验

一、原材料

试验所选取的原材料与工程上采用的 C40 混凝土的原材料相同，水泥采用 42.5 级普通硅酸盐水泥，粗骨料采用的是陕西富平的碎石，级配为5～25mm连续粒级，压碎指标8%～9%；细骨料采用的是潼关的水洗砂，细度模数3.2，含泥量5.6%，含石量5%。

二、试验方案

依据《混凝土物理力学性能试验方法标准》GB/T 50081—2019，选取边长为150mm的立方体试块用于抗压强度试验，选取边长为150mm×150mm×300mm的棱柱体试件用于进行静力受压弹性模量受压试验，将试件按时间龄期分为5d、7d、8d、10d、12d、14d和28d共7组，每组共设置6个试件。基于上述规范的要求对试块进行标准养护，试验仪器选用如图2.2-1所示的混凝土压力试验机。

图2.2-1 混凝土压力试验机

三、试验结果

对各龄期下试块的试验结果进行整理，得到的各组的平均值见表2.2-1，以用于分析在不同龄期下进行基础回填时对应的后浇带水平传力构件所采取的支护形式。

C40混凝土弹性模量和抗压强度实测值　　　　　　　　　　　　　　表2.2-1

龄期/d	弹性模量/GPa	抗压强度/MPa
5	25.83	29.86
8	29.20	35.31
10	30.53	37.60
12	31.48	39.30
14	32.20	40.61
28	34.57	45.12

2.2.2　后浇带水平传力构件及有限元模型

1. 构件原理

为解决超高层建筑和裙房之间存在的沉降差，以及防止由于混凝土面积过大，结构因温度变化导致混凝土收缩开裂，需设置沉降后浇带、温度后浇带及伸缩后浇带。现阶段对于后浇带的研究多集中于设计、施工及封闭时机等方面。井轮对建筑施工中后浇带的作用和施工技术进行了详细阐述；鲁宇平重点介绍后浇带对钢屋架施工的影响，并结合工程实际和模拟计算，提出释放梁端约束的方法及释放约束后所采取的临时加固措施；唐长领结合实际工程介绍了超高层建筑裙楼和塔楼之间，型钢转换梁跨越沉降后浇带施工技术；苏海明等结合实际工程，对整体结构和局部构件进行有限元模拟，并对半封闭式后浇带进行优化设计。在后浇带设计方面，余钰等依托一超长抗震结构，设计了三种后浇带设置方案，并通过施工期间混凝土成型收缩非线性时程分析验证三种方案的可行性；郭高贵等以长江中下游平原河网地区软基倒 T 形混凝土结构为研究对象，通过有限元模拟研究该结构后浇带设置最优间距；李国胜通过对收缩后浇带和沉降后浇带的深入探讨，解决了后浇带在设置中的关键问题；方涛以某高层框架剪力墙结构为例，探讨高层建筑中超长钢筋混凝土结构的后浇带设计与施工问题。针对后浇带封闭时机，窦远明等利用 ANSYS 建立结构整体模型，模拟不同施工工序及后浇带封闭情况，研究主裙楼建筑后浇带最佳封闭时机；赵楠等对高层建筑停止降水与沉降后浇带封闭时间进行了探讨；邸道怀等通过实际工程结合沉降计算方法，提出了沉降后浇带封闭原则。

依据各种规定以及实际情况，后浇带的补浇时间各不相同，从十几天到几十天不等，这段时间内，整个结构不再是一个完整的部分，当遭受到外部荷载的作用时，结构内部的传力不理想，容易造成受力不均匀，导致结构产生侧向位移。面对这种情况，可以在后浇带之间连接不同形式的构件，将后浇带两侧的梁或者板联系在一起，形成一个整体的受力结构，在不减少后浇带数量的情况下，降低整体结构的水平位移，使结构受力更加合理，其原理图如图 2.2-2 所示。

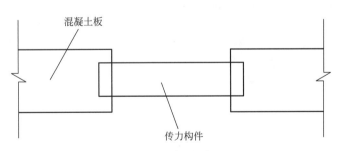

混凝土板

传力构件

图 2.2-2　水平传力构件原理图

2. 有限元模型建立

用 ABAQUS 建立模型，通过数值计算来确定后浇带水平传力构件的布置方案。模型的建立以西安绿地丝路全球文化中心项目为工程背景，在确定支护形式时具体考虑型钢的截面形状、连接形式和布设间距三个因素。对于截面形状选择 H 形、方形和圆形，基于主体结构为梁板结构，参照梁的截面尺寸，选取布置在梁之间的传力构件的截面尺寸，对于 H 型钢，选取的截面尺寸为 H400×400×13×21；对于方钢管，选取截面尺寸为 □400×400×20×20；对于圆钢管，选取截面尺寸为 φ400×20；其中 H 型钢的布置剖面图如图 2.2-3 所示。对于连接形式，一般会选取焊接连接和锚固连接，锚固连接方式如图 2.2-4 所示。对于布设间距，一般选择在梁之间布设传力构件，构件之间的间距就是梁间距，所用传力构件的屈服强度为 330MPa。

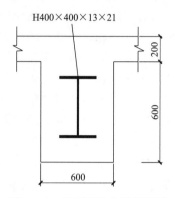

图 2.2-3 H 型钢的布置剖面图

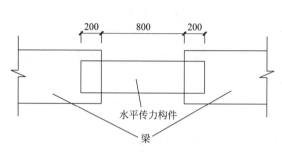

图 2.2-4 H 型钢锚固连接图

数值计算模型在建立时，需要考虑以下几点因素：（1）主体结构混凝土采用实体单元模拟，采用混凝土塑性损伤模型。（2）钢材采用实体单元弹塑性模型进行模拟。分析中不考虑焊缝、焊接残余应力对结构的影响。（3）由于该计算模型主要考虑传力构件对结构水平位移的影响，暂不考虑结构内钢筋的作用。数值计算模型及网格划分如图 2.2-5 所示。

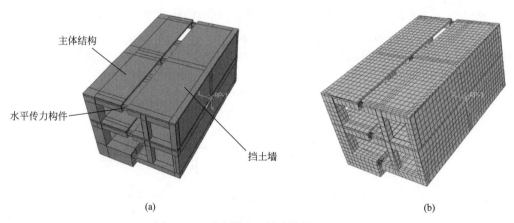

(a)   (b)

图 2.2-5 后浇带水平传力构件结构模型

（a）计算模型；（b）网格划分

2.2.3 计算结果分析

根据计算结果，在不同浇筑天数后进行回填时的结构位移见表 2.2-2，其中位移折减系数是有支护构件下的结构位移与无支护构件下的结构位移的比值，该比值越小表明支护结构抵抗结构位移的效果越好。

结构位移　　　　　　　　　　　　　　表 2.2-2

混凝土浇筑天数/d	无支护构件结构位移/mm	有支护构件			
		构件截面	连接形式	结构位移/mm	位移折减系数/%
5	72.89	H 形	焊接	1.60	2.20
			锚固	0.35	0.48
		方形	焊接	1.35	1.9
			锚固	0.29	0.40
		圆形	焊接	1.54	2.10
			锚固	1.09	1.50
8	62.92	H 形	焊接	1.80	2.90
			锚固	0.33	0.52
		方形	焊接	1.28	2.03
			锚固	0.27	0.43
		圆形	焊接	1.47	2.34
			锚固	0.31	0.49
10	59.95	H 形	焊接	1.49	2.50
			锚固	0.32	0.53
		方形	焊接	1.25	2.09
			锚固	0.27	0.45
		圆形	焊接	1.44	2.40
			锚固	0.30	0.50
12	57.67	H 形	焊接	1.47	2.55
			锚固	0.32	0.55
		方形	焊接	1.24	2.15
			锚固	0.26	0.45
		圆形	焊接	1.42	2.46
			锚固	0.29	0.50
14	56.12	H 形	焊接	1.46	2.60
			锚固	0.31	0.55
		方形	焊接	1.22	2.17
			锚固	0.26	0.46
		圆形	焊接	1.41	2.51
			锚固	0.29	0.52
28	50.92	H 形	焊接	1.41	2.77
			锚固	0.30	0.59
		方形	焊接	1.19	2.34
			锚固	0.25	0.49
		圆形	焊接	1.36	2.67
			锚固	0.28	0.55

通过观察表中数据可以发现，在无支护构件的情况下，结构位移随着混凝土浇筑天数的增加而减少，在混凝土浇筑 5d 时结构位移较大，从第 8d 开始结构位移逐渐减少，且不同位移之间的差值也逐渐变小，表明从这个时间段开始混凝土强度已经可以抵抗部分回填土的压力，各时间段的结构位移折线图如图 2.2-6 所示。

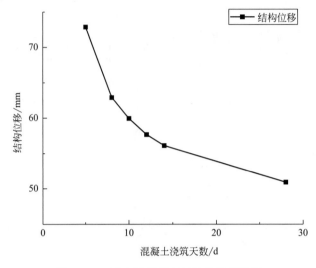

图 2.2-6　无支护条件下结构位移折线图

在有支护构件的情况下，在混凝土各浇筑天数对应下的构件形式-结构位移柱状图如图 2.2-7 所示，其中横坐标上的 H、Y、F 分别表示构件的截面形式为 H 形、圆形和方形，图例上的 1 表示焊接连接形式，2 表示锚固连接形式。通过观察可以发现，锚固连接的效果强于焊接连接；对于锚固连接，当混凝土浇筑 5d 时，圆形构件截面抵抗结构位移效果最差；随着混凝土强度的增强，无论截面构件选用什么形状，其效果基本相同。对于焊接形式，无论混凝土强度如何变化，当选用方形截面时支护效果最好，H 形截面的支护效果最差。

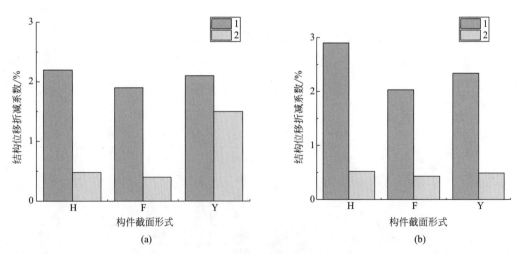

图 2.2-7　构件形式-结构位移柱状图（一）
(a) 混凝土浇筑 5d；(b) 混凝土浇筑 8d

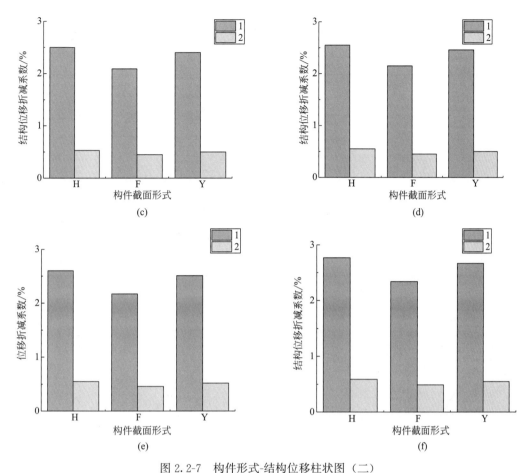

图 2.2-7　构件形式-结构位移柱状图（二）

（c）混凝土浇筑 10d；（d）混凝土浇筑 12d；（e）混凝土浇筑 14d；（f）混凝土浇筑 28d

2.2.4　结构变形监测

各工程所在地质条件不同，地下结构设计、基础埋深亦会不同，即使后浇带采用相同方案布置水平传力构件，对抵抗结构变形的效果也各不相同。在施工现场进行实时监测，可以随时掌握结构外侧土压力变化及结构变形，并将监测结果与计算结果对比，以判断设计方案的合理性。

依据数值模拟的结果，在结构后浇带处设置临时支撑时采用方形截面并选取锚固连接时对抵抗结构水平向位移的效果最好。针对此计算结果，在实际结构中采用相同的连接形式，并在挡土墙中心位置布置位移监测传感器，监测结果与模拟结果对比见表 2.2-3，结果对比图如图 2.2-8 所示。

模拟与监测结构位移对比　　　　　　　　　　　　　　　表 2.2-3

混凝土浇筑天数/d	有无支护情况	水平位移/mm	
		模拟	监测
5	无	72.89	66.33
	有	0.29	0.24

续表

混凝土浇筑天数/d	有无支护情况	水平位移/mm	
		模拟	监测
8	无	62.92	59.77
	有	0.27	0.21
10	无	59.95	56.52
	有	0.27	0.19
12	无	57.67	53.52
	有	0.26	0.18
14	无	56.12	53.48
	有	0.26	0.16
28	无	50.92	47.76
	有	0.25	0.15

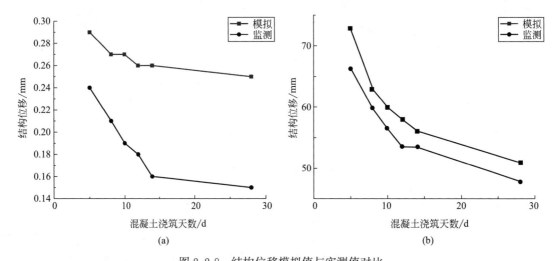

图 2.2-8　结构位移模拟值与实测值对比

（a）有支护条件下结构位移模拟值与实测值对比；（b）无支护条件下结构位移模拟值与实测值对比

2.3　本章小结

本章 2.1 节主要介绍 2 种新型免落地式钢筋桁架楼承板临时支撑设计方案，第 1 种方案临时支撑主、次龙骨直接接触，主龙骨无法直接搭设在主梁下翼缘上，端部需通过螺栓与主梁加劲肋连接；第 2 种方案主、次龙骨不直接接触，之间设有传力构件进行传力，主龙骨端部可直接搭设在主梁下翼缘上，无需加固措施，施工较方便，但需使用更多材料。通过有限元建模分析 2 种方案不同参数下的变形特性，发现通过增加临时支撑主、次龙骨数量、减小次龙骨间距等措施可减小结构变形；在主、次龙骨间增设传力构件，可更好地改善钢筋桁架楼承板的受力情况。

本章 2.2 节首先通过试验，研究了 C40 混凝土在不同龄期下的弹性模量以及抗压强度值，然后基于 ABAQUS 有限元软件，建立带水平传力构件的地下室结构，研究在混凝土浇筑后不同龄期下进行回填土回填时，选取不同的构件形式对抵抗结构产生水平向位移的效果。通过计算得到如下结论：

（1）在后浇带内设置 H 型钢，可以有效抵抗结构由于回填土压力产生的变形，只是在靠近挡土墙一侧的结构产生的变形较大，且越靠近上部结构产生的变形越大。圆形钢和方形钢抵抗结构变形的效果不如 H 型钢，后浇带两侧的结构都有变形产生。在混凝土浇筑完成后的早期阶段，结构在外力作用下水平位移较大，随着混凝土强度的增强，特别是在混凝土浇筑完成 8d 以后，结构水平位移逐渐减小，逐渐趋于混凝土 28d 龄期下的结构位移，且不同龄期下对应的结构水平位移相差不大。

（2）在后浇带内设置水平支护构件，对于抵抗结构水平位移效果显著，在不同的混凝土龄期下，结构水平位移都大幅度降低，且控制在一个较小的范围内，在所有支护条件下的结构水平位移折减系数都在 3% 以内。将传力构件锚固在结构内部产生的抵抗结构变形的效果要比采用焊接或绑扎连接的效果要好，但并不明显，实际工程中要综合考虑材料的消耗和施工的难易程度再进行选择。

（3）在不同混凝土龄期下，支护构件采用锚固连接的效果要优于焊接连接，且截面形状对其效果影响不大；当采用焊接连接时，采用方形截面抵抗结构位移的效果最好，H 形截面效果最差。

（4）结合智能监测系统，对结构的变形进行实时监测，根据系统的分析结果实时优化布置方案。

第 3 章　信息化智能施工平台研究

3.1　基于 BIM＋倾斜摄影技术的超高层信息化管理

3.1.1　建筑物实景三维模型建立的技术关键

传统三维建模技术往往难以在精度和工作量上取得双向高效的结果，倾斜摄影测量技术作为一种高新测绘技术，有效融合了常规航空摄影测量及近景摄影测量的优势，既可以借助无人机进行项目整体的外部实景三维重建，又可以通过近景拍摄构建建筑物内部构件实景模型，从而实现宏观与微观的有效结合。

一、建筑物外部实景模型建立

与传统的正向摄影不同，倾斜摄影通过搭载于飞行平台上的摄取设备，分别从一个竖直方向、四个相互垂直的倾斜方向获取待测区域的图像资料，简单连续的二维影像即可还原真实的三维实景模型，其模型生成过程为：航线规划→影像采集→区块导入→创建工程→空中三角形测量处理→重建生成模型→三维实景模型。

1. 航线规划

无人机倾斜摄影在进行影像采集前需要根据测量区域的现场环境及目标地物的特征，规划合理的飞行路线。常用的航线类型有折线型和环绕型。环绕型航线是无人机以地物垂直轴为环绕轴设置飞行高度和飞行半径，其适应于独立地物的拍摄，航线如图 3.1-1所示。

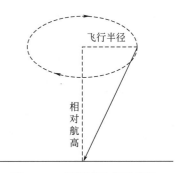

图 3.1-1　环绕型航线示意图

2. 航测数据后期处理

航测数据后期处理采用 Smart3D 建模软件，该软件可运算基于真实影像的高密度点云，并以此为基础，在没有人工干预的情况下，生成具有高分辨率的三维实景模型，极大地提高了传统三维建模的效率。

二、建筑物内部构件实景模型建立

目前，室内场景三维测图手段主要是激光扫描技术以及基于视觉图像序列的三维重建技术。前者测量得到的数据精度高但是仪器笨重且价格昂贵，后者通过一组视觉图像序列来重建室内三维场景，建模耗时长，测量精度受室内环境影响较大。

1. 内部构件实景建模技术关键

内部构件建模需要手动拍摄，为了提高照片拍摄质量以及后期模型精度，需要从正视、俯视、仰视等多个角度对目标物进行环绕拍摄并保持相机始终处于稳定状态，以获取连续的二维影像序列。

2. 内部构件实景三维模型管理平台

借助 Smart3D 软件建立的建筑物内部结构实景三维模型具有精度高、模型更新速率快等特点，为了提高模型实用性，本书搭建了实景三维模型管理平台，如图 3.1-2 所示。

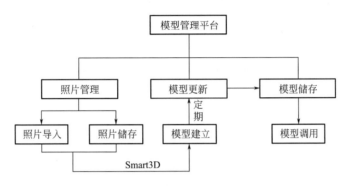

图 3.1-2　模型管理平台架构

该模型管理平台可分别在手机端和电脑端登录，现场施工人员通过手机将现场照片实时上传至平台，技术人员借助平台照片进行三维实景重建并定期更新储存模型，为后期隐蔽工程的检查验收及其他工作提供可视化的参考依据。

3. 1. 2　基于 BIM 技术建模的技术关键

BIM 技术是以信息模型为载体，利用三维数字化仿真技术，真实地模拟工程建（构）筑物的空间位置、外观形态、几何尺寸等信息，可以对建筑的各种功能进行三维展示。利用 Autodesk Revit 软件建立建筑工程的 BIM 模型核心数据库，进行数据处理，根据建筑工程项目管理需要输出模型文件。BIM 数据存储及访问的过程可以归纳为：建立数据存储中心、建立并完善访问机制、对结构化和非结构化数据建立相应的组织存储机制。

3. 1. 3　平台设计与实现

一、平台的基本架构

本书以建筑物实景三维模型、BIM 模型及项目进度计划为基础设计超高层信息化施工管理平台，如图 3.1-3 所示。

二、模型的融合与链接

1. BIM 模型与进度计划的链接

将传统的三维模型与进度计划链接，形成 4D 模型，使之成为一种能够模拟施工过程的模型，链接流程如图 3.1-4 所示。

29

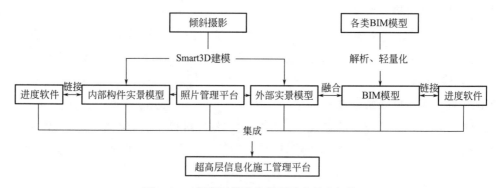

图 3.1-3　超高层信息化管理平台基本架构

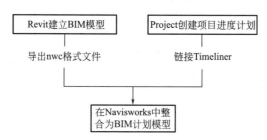

图 3.1-4　BIM 计划模型创建流程图

2. 内部构件实景模型与进度软件的链接

在关键工序施工完毕后，对建筑物内部构件进行三维实景建模，并将模型与进度计划软件链接，直观地反映出该阶段工程进度实际完成情况与计划进度的出入，有助于在施工阶段对施工进度进行实时管理。链接步骤如下：

（1）将实景建模获得的点云数据转化为 Civil 3D 模型；

（2）利用 Civil3D 建模平台与 Revit 建模平台可交互的特点，在 Civil3D 中选择"转换 Civil 模型为 AutoCAD 文件"，将模型导出为"R14"格式文件；

（3）在 Revit 软件中，选择"导入 CAD"，将 Civil3D 导出的"R14"格式文件导入 Revit 软件中；

（4）将 Revit 生成的三维模型与 Project 生成的项目进度计划在 Navisworks 中整合。

3. BIM 模型与实景三维模型的融合

Smart3D 提供多种三维模型格式，包括 OSGB、OBJ、3DTiles、S3C 等，其中 OSGB 是一种公开的格式，其存储形式为二进制，并带有嵌入式链接纹理数据（.jpg）。Revit 创建的建筑物三维模型输出格式为 .rvt、.fbx 等，.fbx 是一种封闭的、可以跨平台进行三维数据交换的模型格式，由 Autodesk 公司提供的基于 C＋＋/Python 的 SKD 可以读取 .fbx 格式的文件并将其转化。

在了解 BIM 模型和实景模型的源格式以及各模型融合平台对不同数据格式的接受度后，本书选择 Skyline 平台进行模型融合，Skyline 能兼容这两种数据格式，并且能以 3DML（3D mesh layer）格式进行统一存储，如图 3.1-5 所示。

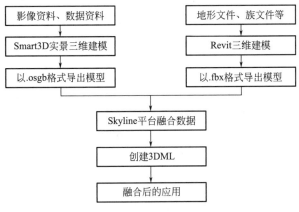

图 3.1-5 技术路线图

三、平台功能介绍

基于三维实景模型、BIM 模型及项目进度计划的超高层信息化管理平台共包含六大模块，如图 3.1-6 所示。

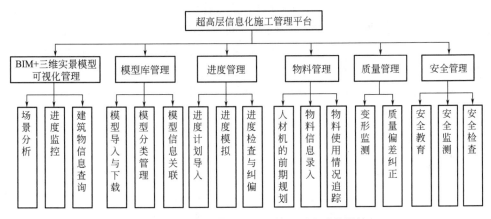

图 3.1-6 超高层信息化施工管理平台功能设计

1. BIM＋三维实景模型可视化管理

在模型融合中，BIM 模型提供了建筑物的空间形态，实景三维模型提供了建筑区域的场地信息，实现宏观场景与微观场景的结合，为施工现场场景分析与场地规划提供可视化的依据。

2. 模型库管理

模型库管理模块整合了 BIM 模型、建筑物外部实景三维模型、内部结构实景三维模型以及项目进度计划等相关数据，包含模型导入与下载、模型分类储存管理等功能，实时更新现场三维实景模型。

3. 进度管理

进度管理包含进度计划导入、进度模拟、进度检查与调整三个模块，该模块的进度计划分别与 BIM 模型、三维实景模型相关联，在项目施工阶段开始之前进行进度模拟，通过三维实景模型与 BIM 计划模型的对比能够直观地反映施工现场进度与计划进度的偏差，项目管理人员能够以此为依据及时纠正。

4. 物料管理

物料管理包括物料前期规划、物料信息录入、物料使用情况追踪三个模块。利用 BIM 将工程中的构件准确划分，将构件作为信息管理对象在 BIM 模型中标出，通过二维码生成器，生成一个"活码"，将实时更改的信息同步到物料管理平台中，通过扫描二维码便可浏览该构件的物料使用情况。

5. 质量管理

质量管理包含变形监测、质量偏差纠正两大模块。通过在建筑物外墙面布置监控点，将各监控点高程数据输入系统，定期进行实景三维建模，量测同一监控点并将数据输入系统进行数据比对，生成监测报告，对超高层建筑物的沉降进行实时监测，使现场管理人员能够及时纠正偏差，降低损失。

6. 安全管理

安全管理功能包括安全教育、安全检查、安全监测三个模块。安全教育模块利用信息管理平台定期向现场施工人员的手机端发送安全教育提醒，现场工作人员在进行安全巡检时通过手机记录安全问题出现的部位、检查时间及相应的解决措施，并将信息上传平台，方便管理人员随时查看现场安全状况；安全监测模块与现场质量监测模块相关联，现场质量监测数据会同步到安全监测模块中，当监测数据超过安全允许的阈值后，平台会在模型的相关区域发出红色预警，使项目管理人员能够及时做出调整。

3.1.4 应用实例

一、 BIM 建模

结合项目特点，综合设计图纸及项目参与各方的需求，制定合理的 BIM 工作流程和实施制度，建立标准规范的 BIM 模型，本项目的 BIM 模型如图 3.1-7（a）所示。

二、基于倾斜摄影的三维实景建模

针对本项目测量区域范围小的特点，采用单镜头无人机倾斜摄影，环绕型影像采集方法，以超高层垂直中轴线为环绕轴，部分影像如图 3.1-7 所示，Smart3D 所建模型如图 3.1-8 所示。

三、平台搭建

本项目将基于倾斜摄影的建筑物整体与局部的三维实景模型与 BIM 模型及 BIM 配套技术集成，搭建了一个集可视化管理、进度管理、质量管理等多方位管理为一体的超高层信息化管理平台。该平台的应用，有效提升了本项目超高层建筑施工管理的信息化水平，为项目的施工技术管理、质量管理、安全管理、进度管理等提供了既精确又高效的支持与保障。

(a)

(b)

图 3.1-7　BIM 模型与航拍影像图

（a）BIM 模型图；（b）航拍影像图

图 3.1-8　建筑物三维实景模型

3.2　基于建筑信息模型的施工电梯管控平台

3.2.1　施工电梯管控平台关键技术

现有的施工电梯自动化程度低，操作人员安全意识淡薄，运行数据不能得到及时监测，导致施工电梯的运行安全难以得到有效的保障。BIM 技术作为一种广泛使用的三维数字仿真技术，能够建立工程建设项目的数字化信息模型，将施工电梯的运行信息集成显示，从而实现设备的动态管理。

一、施工电梯搭载人员信息采集

目前，施工电梯搭乘人员数量检测方法主要集中于 RFID 定位和红外传感器识别这两方面。在施工电梯运行过程中，施工人员的竖坐标是连续的，由于技术条件和应用成本的限制，三维定位的 RFID 技术还不具备广泛应用的条件。而红外传感器识别技术会造成人数误读，在实际应用时还存在着很大缺陷。人脸识别设备能够快速捕捉、识别人脸图像，与已有人脸数据库进行比对，确定施工电梯搭乘人员信息。

二、施工电梯运行数据实时采集

施工电梯的运行数据主要有搭载重量、运行速度、运行位置和操作行为四个部分。位于轿厢上方的重量传感器，设置时无需大幅变动施工电梯结构，测量精度较高。位于地面和轿厢上的一对光电传感器则可精确测量施工电梯的运行位置和运行速度等数据。

三、建筑信息模型建立与共享

BIM 有着双层含义。第一层是信息模型，第二层是信息建模过程。采用 BIM 软件建立起的建筑三维模型，能够将抽象的数据转换成直观的模型，在施工过程中进行修正、变更和提取相关数据，并实时更新，为参与工程建设过程的各方提供一个交流、协作平台。建模完成后经过 IFC 解析得到的模型数据将存入数据库中。在基于建筑信息模型的管控平台中，各级管理人员可选择在电脑端或移动设备端进行登录，实时查看施工电梯搭载人员和运行信息。

3.2.2　施工电梯管控平台系统架构

施工电梯管控平台由人脸识别模块、电梯运行监测模块、数据传输模块和已有的项目建筑信息模型四个部分组成，如图 3.2-1 所示。人脸识别系统作为电梯搭乘人员识别装置，可以提供电梯搭乘人员的详细信息。电梯运行监测系统分为速度位置测量模块与载重测量模块，用于获得施工电梯的实时运行速度、所处位置以及承载质量。该系统获取相关信息后将数据反馈至建筑信息模型进行数据处理，并实时显示在运行管控平台上。数据传输模块则负责人脸识别模块、电梯运行监测模块与建筑信息模型三者之间的数据交换。

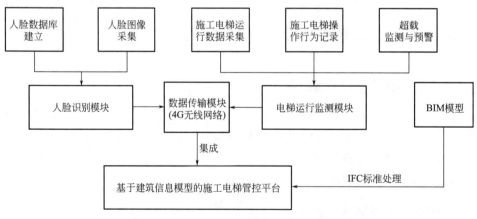

图 3.2-1　施工电梯管控平台系统架构

一、人脸识别模块

人脸识别模块包括人脸图像采集装置和人脸信息处理系统。在项目前期可对现场施工人员进行面部图像信息集中采集，并对采集到的人脸图像进行预处理，提取人脸特征并建立现场人员人脸图像数据库。对于人员流动性较大的工程项目，需及时更新维护数据库。人脸图像采集摄像头置于施工电梯适当位置，该位置能够清楚地拍摄到进出电梯人员的面部特征。采集到的电梯操作人员和电梯搭乘人员信息由数据传输模块传输至服务器进行处理，分析操作人员是否存在非法代岗以及人员超载问题。

二、电梯运行监测模块

作为一种在施工现场被频繁使用的施工设备，施工电梯自动化程度低，安全性能不佳等缺陷，已经不能满足目前对于施工安全的要求。经过对施工电梯安全要求进行分析，运行监测模块包括承载质量参数采集、运行参数采集和运行位置定位三个部分。重量传感器采集施工电梯的实时承载质量，并转换为数字信号，实现对施工电梯承载质量的实时监控，能够及时确定施工电梯是否存在超载情况还可检测施工电梯轿厢内重量分布是否均匀。轿厢底部和地面安装的光电传感器，测定电梯运行高度，能够使现场人员直观了解电梯所处位置，提高施工电梯的运行效率，及时满足现场人员乘坐需求。在施工电梯运行过程中，经常出现动载荷现象，造成监测系统发出错误的报警信息。因此，运行监测模块设置有加速度采集装置，保证电梯运行数据准确及时地采集、上传、分析，有效减少因动载荷造成的误报现象。操作信号采集装置，能够采集施工电梯操作人员的操作行为，分析操作人员是否存在违规操作问题。万一出现事故，操作信号采集装置采集到的操作行为，将有助于调查事故的发生原因。

三、数据传输模块

施工电梯运行监控系统的数据传输模块选择基于4G技术的无限远程传输方式实现数据远程传输功能。4G网络具有高速数据传输能力，能够为全球所有移动用户提供高质量的数据、音频和图像，能够充分满足用户对无线服务的要求。4G无线通信网络具有传输速率高、频谱宽、兼容性强、流量计费合理等特点。综合考虑实施成本和系统稳定性这两个重要因素，数据采集服务器使用动态的IP地址和域名解析的方式接入互联网。数据传输模块将采集到的施工电梯搭乘人员信息和实时运行数据传输至云端服务器进行数据分析和数据存储。云计算方法避免了在施工现场布置消耗大量电力并且十分昂贵的服务器。它将使施工电梯管控系统的信息可以在任何时候、任何地点在用户手持终端或电脑端上呈现。

四、建筑信息模型

BIM具有高度可视化和信息集成特性，有效解决监测信息可视化和管理问题。IFC标准是由国际协作联盟于1997年发布的，实现项目各方、各阶段BIM软件间信息交换的标准。IFC标准是实现建筑信息模型监测数据可视化、共享的基础。人脸识别系统、承载质量传感器、运行速度传感器以及加速度传感器收集到的实时数据，将被批量写入IFC数据格式文件。IFC格式文件具有通用性，任何一个支持IFC标准的BIM软件都能将施工电梯实施运行信息进行可视化。施工电梯管控平台支持对实时监测数据数据库进行导入、导出数据、备份和还原操作。在BIM模型内可查询到施工电梯搭载人员信息和施工电梯运行参数监测数据，绘制施工电梯监测数据曲线。当出现异常情况时，可通过 BIM 模型向相关人员及时发送异常报告，提醒施工电梯管理人员及时进行维修或救援。

3.2.3　应用实例

一、传感器布置

针对施工电梯轿厢狭小的具体情况，人脸识别装置布置于施工电梯入口上方及正对轿厢壁上方，能够清楚拍摄到进出施工电梯人员的面部图像，如图 3.2-2 所示。检测施工电梯搭载质量的重量传感器位于施工电梯吊笼和传动板连接的销轴部分。检测施工电梯运行速度的光电传感器则分为两部分，一部分设置于吊笼底部，另一部分设置于地面。

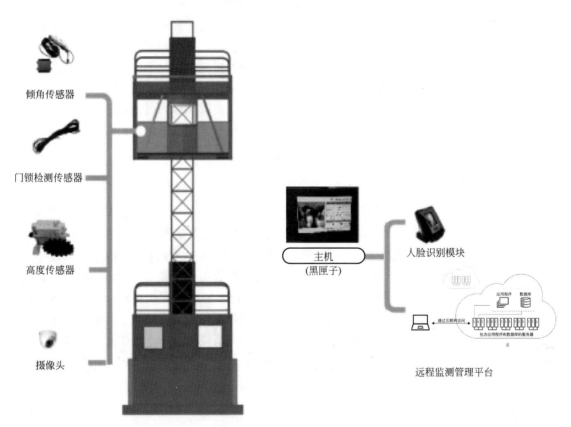

图 3.2-2　电梯检测传感器

二、平台搭建

本项目基于建筑信息模型，将人脸识别数据和施工电梯运行监测数据整合到施工电梯运行管控平台中，建立了一个可视化、数字化的实时施工电梯运行管控平台。该平台的运用，有效提升了本项目施工电梯的运行效率和现场安全管理能力，为项目的安全施工提供了有力保障（图 3.2-3）。

图 3.2-3 施工电梯运行管控平台界面

3.3 综合性超高层智能信息化施工平台研究与应用

3.3.1 建筑信息化施工平台基础技术

基于智能施工技术与信息化施工理念，结合 BIM 技术、数值模拟方法、倾斜摄影技术、智能监控等技术手段，搭建临时结构安全监测及施工电梯管控、塔式起重机智能监控、信息化管理等平台，实现超高层建筑施工信息全方位动态管控与智慧决策。

一、 BIM 技术

BIM 技术以信息模型为载体，利用三维数字仿真技术，构建工程实体信息。其本质是以 BIM 技术为基础，建立一个兼容、广阔的信息交换环境，提高管理效率。

二、数值模拟方法

目前工程领域常用的数值模拟方法包括有限元法、边界元法、离散单元法、有限差分法。本工程采用有限元法，基于 Midas Gen 对塔式起重机柱状支撑及 V 形支撑进行计算模拟，将连续的求解域分割成有限个单元，用未知参数方程来表征单元特性，进而将各单元特征方程组合成大型代数方程组，最后求解方程组得到柱状支撑及 V 形支撑加固的核心筒模型最大位移（图 3.3-1）及结构承载梁单元应力，计算分析结果可为现场施工提供参考依据。

三、倾斜摄影建模技术

倾斜摄影的三维实景建模技术与传统的正向摄影不同，倾斜摄影分别从 1 个竖直方向、4 个相互垂直的倾斜方向获取目标区域的图像资料，通过建模软件生成三维实景模型。针对本项目测量区域范围较小的特点，采用单镜头无人机倾斜摄影、环绕型影像采集，以超高层垂直中轴线为环绕轴，借助 Smart 3D 软件建立精度高、模型更新速度快的建筑物内外部三维实景模型（图 3.3-2）。为提高模型实用性，搭建三维实景模型管理平台，现场施工人员通过手机将现场照片实时上传至平台，技术人员借助平台照片进行三维

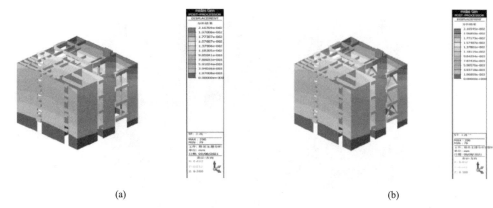

(a)   (b)

图 3.3-1　数值模拟位移云图

（a）柱状支撑；（b）V 形支撑

实景重建，并定期更新储存模型，为后期隐蔽工程的检查验收及其他工作提供可视化参考
依据。

图 3.3-2　建筑物三维实景模型

四、监测技术

1. 智能监测

　　自动化监测预警系统是以 Web 为基准的多路分布式光纤故障监控系统，由多个现场
监测单元与测试系统主控计算机构成。子站和主站利用无线通信 GPRS 实现通信及数据交
互，能实现远程自动化监控、终端与平台无线传输、测试数据信息化管理。登录平台或利
用手机得到现场监测单元传回的监测数据，通过对比计算结果与系统分析，得出结构实时
状态变化趋势。出现异常信息时，系统会自动报警，通过信息推送的方式及时报告给相关
管理人员。

2. 监测设备

　　西安绿地丝路全球文化中心项目 5、7 号超高层办公楼采用钢结构＋核心筒形式，采
用内升式动臂塔机，整个施工阶段共顶升 7 次，为保证顶升过程中主体结构的安全，在顶
升层横梁中间用钢管柱作为支撑。现场安装 HZKJ-SV32 静力水准仪和倾角传感器，在顶
升时实时监测钢管柱、横梁的沉降值和倾斜值，判断主体结构是否正常在 21 层 A 区东侧

设置监测点，将拉绳传感器固定在监测点及周边相对固定位置，通过改变拉绳长度监测位移的变化。通过 4G（5G）网络将监测数据发送到云平台，统计处理后自动生成相应的曲线和报表。2021 年 5 月 10～15 日位移监测曲线如图 3.3-3 所示。

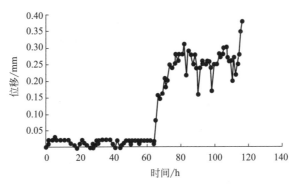

图 3.3-3　位移监测曲线

3.3.2　超高层智能信息化施工平台

一、超高层智能信息化施工平台逻辑框架搭建

针对超高层建筑施工规模庞大、系统复杂、临时结构风险高、安全管控难度大、信息处理繁杂等特点，搭建基于智能监测、倾斜测量建模、数值分析、施工电梯监控等模块的多源信息处理逻辑框架。智能监测模块动态收集相关数据参数，为数值模拟模块参数修正提供基础数据，之后将数值模拟模块的分析结果集成于超高层智能信息化施工平台数据库中，并与倾斜摄影建模模块进行对比分析，得到可视化分析结果。同时智能监测模块动态监测数据和施工电梯监控模块采集数据均可集成于平台数据库，最终通过自动化数据分析、风险大数据识别、可视化实时安全评估与预测，形成施工建议。超高层智能信息化施工平台及其逻辑框架如图 3.3-4 和图 3.3-5 所示。

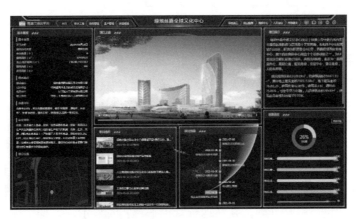

图 3.3-4　超高层智能信息化施工平台

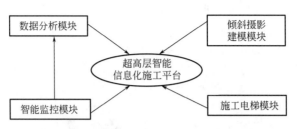

图 3.3-5　超高层智能信息化施工平台逻辑框架

二、超高层智能信息化施工平台组成

超高层智能信息化施工平台主要由施工电梯管控平台、塔式起重机智能监控平台、信息化管理平台组成，如图 3.3-6 所示。通过数值模拟、智能监控、进度计划软件、基于倾斜摄影的建筑物内外部三维实景模型、BIM 模型及现场照片管理平台间的融合与链接，实现多源数据信息的开源化，有效提升本项目超高层建筑施工管理的信息化水平，为项目的施工技术管理、质量管理、安全管理、进度管理提供精确高效的支持与保障。

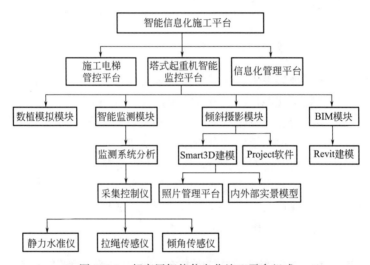

图 3.3-6　超高层智能信息化施工平台组成

1. 施工电梯管控平台

本项目基于建筑信息模型，将人脸识别数据和施工电梯监测数据整合到施工电梯管控平台中，建立一个可视化、数字化的实时施工电梯运行管控平台，有效提升施工电梯运行效率和现场安全管理能力。施工电梯状态监测系统由人脸识别模块、电梯运行监测模块、数据传输模块和已有项目建筑信息模型组成。人脸识别系统作为电梯搭乘人员识别装置，可提供电梯搭乘人员的详细信息。电梯运行监测系统分为速度、位置、载重测量模块，用于获得施工电梯的实时运行速度、所处位置及承载质量。该系统获取相关信息后将数据反馈至建筑信息模型进行数据处理，并在运行管控平台实时显示。数据传输模块负责人脸识别模块、运行监测模块与建筑信息模型间的数据交换，施工电梯管控平台支持对实时监测数据库数据进行导入、导出、备份和还原操作。在 BIM 模型内可查询到施工电梯搭载人员信息和施工电梯运行参数监测数据，绘制施工电梯监测数据曲线。出现异常情况时，可通过 BIM 模型向相关人员及时发送异常报告，提醒施工电梯管理人员及时进行维修或救援。BIM 模型如图 3.3-7 所示。

图 3.3-7　BIM 模型

2. 塔式起重机智能监控平台

西安绿地丝路全球文化中心项目密集施工作业多，存在塔式起重机碰撞风险。项目采用终端塔式起重机监控平台，包括终端设备、塔式起重机及各传感组件、报警组件控制装置（图 3.3-8）。各塔式起重机控制装置与终端设备通信连接，传送传感组件监测的信息，第 1 控制装置与第 2 控制装置通信连接，当活动区域有重叠，各报警组件将分别发出警示。

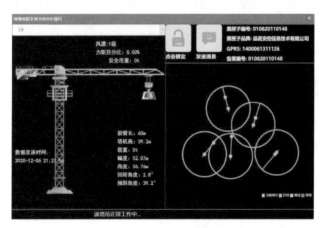

图 3.3-8　塔式起重机智能监控平台

3. 信息化管理平台

（1）平台硬件运行环境

信息化施工平台硬件运行环境由处理器 CPU、网络接口、用户接口、存储器、通信总线组成。存储器包括操作系统、网络通信模块、用户接口模块及平台搭建程序。通信总线可实现各组件间的交互连接，网络接口用于对接后台服务器数据，用户接口对接客户端数据，处理器用于调用存储器中超高层建筑信息系统数据。

（2）平台软件交互程序

以建筑物三维实景模型、BIM模型、进度计划软件及照片管理平台为基础，通过模型与模型、模型与进度计划软件间的相互融合，链接而成超高层建筑信息化施工平台。利用Revit建模软件建立BIM模型，依托Project软件进行项目进度计划编制，在Navisworks中集成BIM模型和进度计划，形成项目进度计划模型。在Skyline平台，将建立的三维实景模型和BIM模型进行数据融合，建立数据库。收集并实时上传现场照片，进行模型更新，并将早期模型按时间顺序入库储存。

BIM模型与进度计划软件的链接，利用Revit建立BIM模型，依托Project软件进行项目进度计划编制；利用Revit导出功能，将BIM模型导出为.nwc后缀的数据文件，并导入Navisworks软件；将Project生成的项目进度计划导入Navisworks中，此种方式需准确对应Project各名称和各特征ID、项目开始时间和结束时间，否则导入的数据达不到链接的要求；最后在Navisworks中形成项目进度计划模型。三维实景模型与进度计划软件的链接，将三维实景建模获得的点云数据转化为Civil 3D模型；利用Civil 3D建模平台与Revit建模平台可交互的特点，在Civil 3D中选择"转换Civil模型为AutoCAD文件"，导出模型为"R14"格式；然后在Revit中，选择"导入CAD"，将Civil 3D导出的"R14"格式文件导入Revit软件中；最后将Revit生成的三维实景模型与Project生成的项目进度计划在Navisworks中整合。BIM模型与三维实景模型的融合先将通过Smart 3D建立的三维实景模型以.osgb格式导出；然后将通过Revit建立的BIM模型以fbx格式导出；最后在Skyline平台进行两者数据融合，并以3dml格式保存。链接照片管理平台，照片管理平台主要服务于倾斜摄影技术的三维实景模型，该照片管理平台可分别在手机端和电脑端登录，现场施工人员通过手机将现场照片实时上传至平台，技术人员借助平台照片进行模型更新，并将早期模型按时间顺序入库储存，为后期隐蔽工程的检查验收及其他工作提供可视化参考依据。

3.4 本章小结

本章3.1节分析了倾斜摄影实景建模技术和BIM技术的技术关键、BIM模型和三维实景模型分别与进度计划软件链接及其自身相互融合的方法，在此基础上设计了集可视化管理、模型库管理、进度管理、物料管理、质量管理、安全管理为一体的超高层信息化施工管理平台，实现了超高层进度监控、变形监测、安全检查等现场管理的精准化、信息化、实时化与可视化，为超高层建筑工程施工管理的信息化发展提供了新的思路。

3.2节研究提出的基于建筑信息模型的施工电梯管控平台，一方面可以对施工电梯运行情况进行实时监控，对施工电梯运行过程中出现的异常情况进行预警，降低施工电梯安全事故的发生概率。另一方面，本平台可以对施工电梯操作人员的操作行为以及施工电梯的运行参数进行记录，进而帮助管理者对现场施工人员进行针对性的培训，并在必要时可作为事故调查依据。同时，平台终端可视化的施工电梯实时运行位置，提高了施工电梯的运行效率，及时满足现场人员的乘坐需求。

为了进一步提高本平台的整体性能，扩大本平台的使用范围，还可以在以下方面进行功能扩展和完善。

（1）增加对施工电梯零部件磨损情况的监测。对于容易出现硬件磨损情况的零部件，可设置监测装置，并将监测结果导入本平台，做到施工电梯运行、检测、维护、修理四个环节的集成化管理。

（2）充分利用人脸识别数据库。项目前期建立的人脸识别数据库是工程项目现场管理重要的信息资源。除了在电梯内部设置人脸识别装置外，还可在施工现场危险区域、施工材料存放区域等重点区域设置识别装置，将进入重点区域的人员活动导入建筑信息模型，进行实时监控，并对异常靠近重点区域的现场施工人员进行管控。

（3）采用倾斜摄影技术建立建筑物外部实景模型。倾斜摄影测量技术能够将简单连续的二维影像还原为真实、精确的三维实景模型，并可进行实时更新。将倾斜摄影技术建立的建筑信息模型导入施工电梯管理平台中，能够将施工电梯运行状态更精确地展示出来。

3.3 节提出的综合性超高层智能信息化施工平台在西安绿地丝路全球文化中心项目上的成功应用，解决了超高层建筑施工中临时结构安全监控数据发散性强、数据更新不及时、信息管理数据交互性差等问题。本书搭建适合于超高层建筑施工的一体化信息处理框架，提出了以下方法。

（1）建立可视化动态施工电梯运行管控平台，将识别数据、运行监测与建筑信息模型一体化集成，同时在超高层建造中成功应用塔式起重机智能监测、分析、预警三位一体技术，保障生产安全，防范重大安全事故，提升智能化安防水平。

（2）超高层智能信息化施工平台改变传统的管理模式，实现了宏观、微观场景相结合，工程内部结构与周边环境相结合的全方位控制管理，提高了施工效率，缩短了工期，有效控制了施工成本。

（3）通过信息化施工平台将进度、质量、安全等多方位管理融合到一个平台中，形成以可视化施工平台为基础的多业务系统并存并联的超高层建设信息化整体解决方案，加强各专业之间协作能力。

第4章 超高层建筑快速施工工艺体系及保障措施

4.1 超高层建筑快速施工工艺体系研究与应用

快速施工工艺体系主要由施工、管理及资源优化技术组成。施工技术包括施工图深化阶段的信息化施工技术，基础施工阶段的超厚筏板钢筋支撑技术，主体施工阶段的新型核心筒结构体系、塔楼液压爬模技术、侧抛免振钢管混凝土浇筑技术；管理技术包括交叉施工管理、工序质量管理、基于倾斜摄影的进度管理、信息化管理；资源优化技术包括人员的合理调配、材料及设备的合理选型。

一、快速施工技术

1. 液压爬模技术

液压自爬模由埋件、埋件支座、模板、架体、平台、围护、防倾导向支撑及液压爬升控制等系统组成。整个平台、钢模板、操作挂件通过液压顶升系统完成自动爬升，减少施工过程中对塔式起重机的依赖，避免模板垂直运输，节省劳动力，提高施工效率，缩短整体工期。采用液压爬模技术可大幅度降低现场劳动强度，提高各工序施工速度并有效减少工艺间歇，从而提高核心筒结构施工速度。液压爬模一个爬升周期为：后移模板→自爬模爬升→合模浇筑混凝土→上层钢筋绑扎→后移模板。

2. 侧抛免振钢管混凝土浇筑技术

钢管混凝土柱浇筑常采用泵送浇筑法、高抛免振捣法、人工振捣法和高抛振捣法。其中，泵送浇筑法对钢管混凝土的施工性能、浇筑设备及浇筑施工的组织管理水平要求较高；高抛免振捣法、人工振捣法和高抛振捣法的浇筑时间均较长，且若下一层钢柱未浇筑完成，上一层钢柱无法安装，对施工进度影响较大。采用侧抛免振法浇筑钢管混凝土可有效解决上述问题。侧抛免振法即在钢管混凝土柱顶部侧面适当位置开孔，安装带截止阀的混凝土输送管，利用混凝土泵压力将微膨胀自密实混凝土输送至钢管内，直至注满整根钢管混凝土柱。其工艺流程为：柱顶部开孔→连接截止阀及混凝土输送管→试配钢管混凝土→单根钢管柱混凝土运送到场→现场检测混凝土坍落度及坍落扩展度→浇筑微膨胀自密实混凝土→混凝土试块制作→浇筑完成→拆除混凝土输送管及截止阀→混凝土养护→焊接封口钢板。柱顶部开孔朝向建筑内侧，且应靠近每层楼承板上表面，其中心位置距楼承板 600mm，浇筑孔直径 300mm；在浇筑孔正下方距楼承板 100mm 位置开设 1 个 $\phi 20$ 排气孔，便于混凝土浇筑时排出钢管内部气体，如图 4.1-1 所示。

3. 新型核心筒结构体系

核心筒结构体系施工过程中，通常需将钢结构的外框架与核心筒连接，以保证核心筒

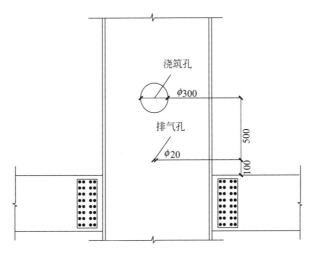

图 4.1-1　钢管柱开孔示意

结构强度,同时方便楼层施工,而外框架结构施工中,混凝土结构施工与钢结构安装施工交叉较多,导致钢结构安装时与混凝土钢筋存在避让和连接的问题,加大施工难度,降低核心筒结构体系的施工效率。本书提出一种新型核心筒结构体系,该结构体系包括核心筒、多个箱形柱及楼板钢结构,如图 4.1-2 所示。通过在核心筒外部设置箱形柱、框架梁和次梁,并配合连接形成核心筒外框架,能避免与内部混凝土钢筋交叉、干扰,保证结构强度的同时简化外框架的搭建结构,降低施工难度,可有效提高核心筒结构体系的施工效率。

4. 超厚筏板钢筋支撑技术

现有筏板钢筋支撑采用钢筋马凳现场焊接制作,该支撑结构应用于超厚型筏板工程,不仅结构稳定性较

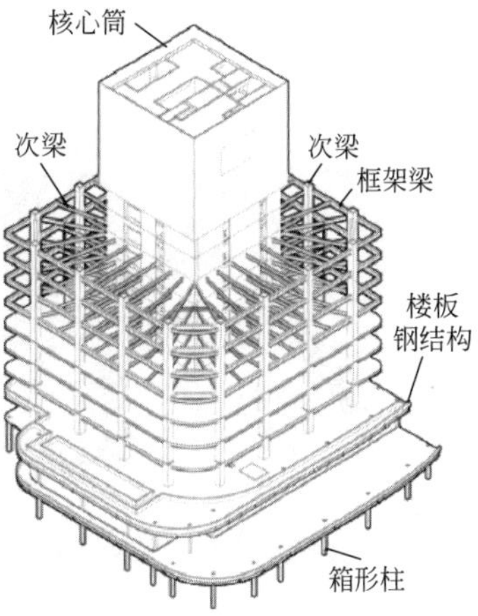

图 4.1-2　新型核心筒结构体系

差,安全性较低,且焊接工程量大,安装耗费时间较长,经济成本高。设计一种新型支撑筏板钢筋支架,如图 4.1-3 所示。筏板钢筋包括上排钢筋网片和下排钢筋网片,下排钢筋网片下方设置防水保护层;支架包括支撑于上、下排钢筋网片间的基础支撑架,该基础支撑架包括多根立柱及多根横梁,立柱沿左右方向和前后方向阵列布置,两个方向相互垂直,各横梁沿左右方向延伸并安装于立柱上,且多根横梁沿前后方向间隔布置,横梁与上排钢筋网片抵接,立柱下端穿过下排钢筋网片并伸入防水保护层。该支架具有刚度大、平整度好的优点,不仅稳定性高,安全可靠,且可在场外加工成型,无需现场焊接,减少了工程量,安装方便快捷,既能缩短工期又能节约成本。

5. 信息化施工技术

施工图深化阶段应用 BIM 模型提高各专业间的协同深化设计能力,有效保证设计与施工协调,由计算机自行完成管线与结构构件间的碰撞检查,大大提高管线综合设计的技术解决能力,避免施工过程中可能会出现的管线碰撞问题,将返工率降到最低,减少不必

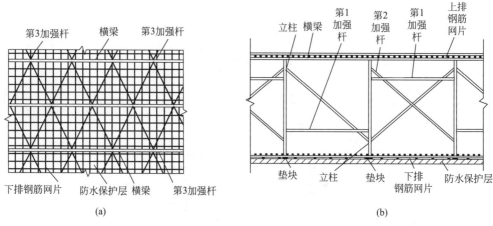

图 4.1-3　支撑筏板钢筋支架结构
(a) 平面；(b) 立面

要的工期浪费。三维模型和虚拟动画可使施工人员更加直观地了解复杂部位的施工方案，从而准确施工，加快施工进度。管线碰撞检查与优化如图 4.1-4 所示。

图 4.1-4　管线碰撞检查与优化
(a) 碰撞检查；(b) 管线优化

借助 BIM 技术对施工组织进行模拟，项目管理方能直观了解整个施工安装环节的时间节点和安装顺序，并清晰把握安装过程中的重难点；施工方也可进一步优化原安装方案，提高施工效率，达到快速施工的目的。

二、快速建造管理技术

1. 交叉施工管理

根据工程特点及现场条件，科学规划施工段，合理进行工序穿插以缩短工期，配备足够的人力、机械、物资等，提高计划的可实施性，在保证上道工序质量的前提下，下道工序提前插入施工。主体结构验收后，随即穿插粗装修、机电安装、幕墙等专业施工，以加快工程施工进度。本项目交叉工作主要有：①主体施工阶段中土建与安装预留预埋的交叉，结构与粗装修、幕墙的交叉；②装饰施工过程中机电管线敷设穿插施工。交叉施工时应注意防止成品破坏及避免安全事故。

2. 工序质量管理

工程项目建设全过程中每道工序质量须满足下道工序相应要求的质量标准，工序质量决定最终的产品质量，加强质量检查和成品保护，尤其是样板间的贯彻和施工过程中的监督检查，严格控制工序施工质量，确保一次验收合格，杜绝返工。

3. 基于倾斜摄影的进度管理

倾斜摄影技术作为近年发展起来的一项高新技术，可在施工阶段提供建筑外部整体与内部构件的实景三维模型。通过对比实景三维模型与 BIM 模型能直观反映施工现场进度与计划进度的偏差，项目管理人员能以此为依据及时纠正，方便管理人员调整施工计划和方案，对机械设备、人员进行随时调度，及时发现施工过程中的问题隐患，并在此基础上采取相应的整改措施，达到缩短工期的目的。

4. 信息化管理

本项目采用先进的信息化管理系统，以保证信息管理规范化、现代化，确保信息的准确性、及时性、可追溯性，利用现代化信息管理方式，改变传统管理模式，实时、高效、全面地反映现场施工的实际情况，加强总部管控能力，并高效协调总部各方面资源为项目服务，提高工作效率、管理水平和协同能力。信息化管理系统包括综合信息管理（OA 系统）、网络视频会议、项目计算机局域网、门禁、报警、远程监控等系统。

三、资源化技术

1. 人员合理调配

做好劳动力的动态调配工作，抓关键工序，在关键工序延期时，可抽调一只精干队伍，集中突击施工，确保关键线路按期完成。每道工序施工完成后，及时组织工人退场，给下道工序工人操作提供作业面，做到所有工作面均有人施工。根据进度计划、工程量和流水段划分，合理安排劳动力和生产设备投入，保证按进度计划完成任务。加强班组建设，做到分工和人员搭配合理，提高工效，既要做到不停工待料，又要调整好人员安排。

2. 材料合理利用

（1）采用混凝土轻质墙板

蒸压陶粒轻质混凝土墙板本身具有其他墙体材料无法比拟的优势，如强度高、表面光滑、整体性好、耐腐蚀、收缩小、抗老化、防火、防水、隔声、隔热、保温及安装走线方便、可凿、可切割、可钉挂等。采用混凝土轻质墙板可减少现场湿作业，加快施工进度，减少抹灰层作业，增加空间使用面积。

（2）采用铝合金模板

本项目核心筒内外墙、梁、顶板、标准层楼梯均采用铝合金模板。与木模板、钢模板等传统模板相比，铝合金模板具有自重小、施工周期短、拼装速度快、承载力高、整体刚度好、周转次数多、无需二次抹灰、对垂直运输设备依赖小、施工便捷、效率高等特点，可大大提高主体结构施工速度。

3. 设备合理选择

（1）混凝土泵送机械选择

选用超高性能混凝土输送泵，配合内爬式布料机，有效解决高强混凝土强度与可泵性的矛盾，保证混凝土输送一泵到顶，提高施工效率，保证工期。根据泵送出口压力计算结果，绿地丝路全球文化中心工程混凝土泵送出口压力约 25.56MPa。选择混凝土输送泵时，混凝土泵的最大出口压力应比实际所需压力高 20% 左右，多出的压力储备用来应对混凝土变化引起的异常现象，避免堵管。超高层建筑的混凝土泵送要求更高，需足够的压力储备，因此，确定主楼混凝土最大出口压力为 32MPa，一方面具有充足的压力储备，另一方面在正常工作状态下，液压系统工作压力≤24MPa，工作可靠性更高，有利于保证工程顺利进行。本项目布置 2 台 HBT90CH-2135D 型混凝土输送泵，1 台备用，其理论混凝土输送量为 35m³/h，最大混凝土输送压力为 35MPa，配有 2 套液压截止阀＋液压泵站，1 套备用。该设备采用彩色图形动态显示运行参数，提示故障类型，设置多重自动保护，且设有先进的 S 管阀系统，密封性能好，大大延长了易损构件的使用寿命；混凝土活塞自动退回、检测、更换更便捷，可大大降低人工操作难度，提高工作效率。

（2）塔式起重机的选型与布置

为提高施工效率，确保工期，本工程共布置 9 台塔式起重机，确保平面全覆盖及满足材料吊装需求。2 栋超高层塔楼依据钢结构吊装质量，各安装 1 台 ZSL750 型动臂塔式起重机、1 台 ZSL500 型动臂塔式起重机，满足主体施工、钢构件吊装和后续幕墙机电施工的需要。

4.2 超高层建筑快速施工保障措施

4.2.1 施工计划保证体系

建立完善的施工计划保证体系，是确保施工顺利、保证工期的重要措施。本项目采用立体施工计划管理模式，该计划体系由总进度控制计划和分阶段进度计划组成，总进度计划控制施工进程的整体走向，统筹协调各专业施工；分阶段计划依照总计划安排，根据不同施工阶段、不同专业的实际情况进行细致分工。在建立施工分级计划的基础上，制定各类派生保障计划，主要包括施工准备工作计划、图纸发放计划、施工方案编制计划、业主制定分包计划、主要设备和材料进场计划及验收计划，整个体系构成如图 4.2-1 所示。

通过采取一定的管理措施对整个施工进程进行跟踪和监控，对分区分项进度及时督促、定期分析，并通过计划调整逐级得到保证。

施工前各分包单位应根据整个施工计划及自身施工特点制订具体的施工执行计划，并提交施工单位审批，审批通过后应严格按计划施工。施工过程中责任工程师应定期在现场检查，监测分项工程的工作完成比例与计划进度是否吻合及施工质量。管理过程中应做到协调管理，加强业主、项目管理人员、各分包单位和供货厂商的联系，加强各方协作，明确各自职责，尽量减少施工过程中出现矛盾和薄弱环节，实现整个施工过程的动态平衡，避免出现施工人员不能及时到岗、施工材料不能及时供应、施工设备不能及时进场的现

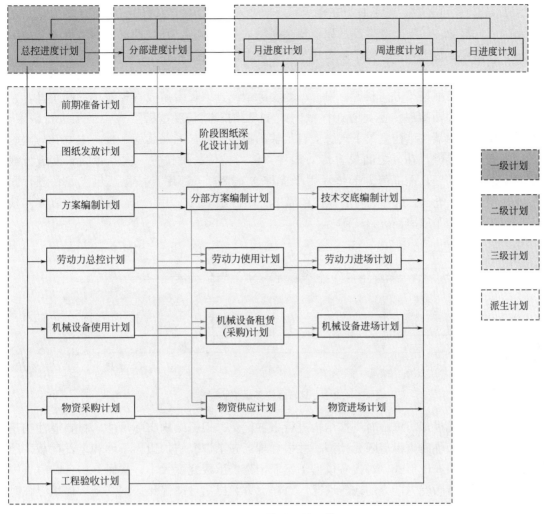

图 4.2-1 立体计划管理体系

象。施工过程中还应做到交叉施工管理，主体结构施工时可穿插装修、幕墙、管线等分项
工程的施工，同时确保交叉施工不对已完成施工的部位造成破坏，在保证施工质量的前提
下，尽量确保各项工序同时进行，以保证施工工期。施工过程中还要加强资金管理，施工
前编制整个施工阶段的现金流量表，做好预算管理，做到资金的动态平衡管理，避免资金
短缺。

4.2.2 施工技术保障措施

一、钢筋桁架楼承板免落地制程技术

　　钢筋桁架楼承板由钢筋桁架和底部压型钢板焊接而成，刚度较大，可实现机械化生
产，在施工过程中可保证各处钢筋间距和混凝土保护层厚度一致，有利于确保施工质量和
施工效率。但当结构跨度较大时，钢筋桁架楼承板刚度无法抵抗其自身重力和施工荷载，
跨中挠度变形会超过规定限值，这时需设置临时支撑来抵抗变形。该项目外框架转角处跨

度大于5m，跨度较大，施工时需在楼承板下设置临时支撑。传统的临时支撑多为满堂钢管支撑，耗材较多，安装及拆卸过程较复杂，需大量劳动力，且这种支撑须支撑在下一层已施工好的楼承板上，导致整个施工过程只能自上而下进行，施工效率低。

为解决上述问题，设计一种免落地临时支撑，该支撑由主次龙骨及其之间的传力构件组成，次龙骨沿框架梁方向布置，根据现场实际情况选取长木条或直径较小的圆钢管，直接与楼承板下底面接触。主龙骨选择槽钢或H型钢，其长度按跨度大小现场进行裁定，同时要保证其两端在结构主梁下翼缘上有足够的搭接长度，确保其稳定性。主龙骨与次龙骨间没有相互接触，在其之间设置传力构件，传力构件长度按主、次龙骨间长度进行裁定，采用实心圆钢，上部薄方形垫片用于支撑次龙骨，下部用卡箍将其与主龙骨进行固定，如图4.2-2所示。这种临时支撑构造简单，不占用下层施工空间，可保证垂直方向楼层同时施工，施工效率高。

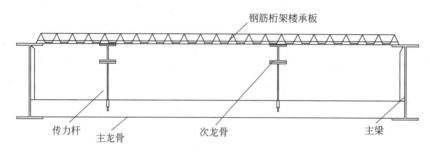

图4.2-2　钢筋桁架楼承板临时支撑

基于有限元模拟对该临时支撑结构进行布置优化，根据结构实际尺寸、材料属性构建钢筋桁架楼承板临时支撑有限元模型，并根据现场施工情况施加边界条件和上部荷载。通过改变临时支撑布设形式，对比各模型下钢筋桁架楼承板挠度大小，从而分析各临时支撑布置形式对楼承板受力能力的改善情况，对布设方案提出最终优化。钢筋桁架楼承板临时支撑应力如图4.2-3所示。

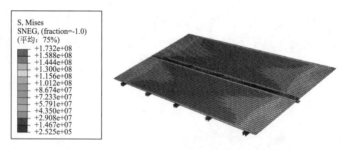

图4.2-3　钢筋桁架楼承板临时支撑应力云图

二、设置后浇带水平传力构建

由于后浇带的存在，原本完整的主体结构被分割成几块独立的个体，其整体刚度受到影响，受外部荷载作用时，部分主体结构易产生较大变形。特别对于深基坑工程，基坑回填时，后浇带一般还没有进行混凝土浇筑，较大的土压力易使结构产生水平位移。本项目在地下车库北侧设置的后浇带距挡土墙只有 1.5 跨距离,极易受土压力影响。面对这种问题,在基坑土回填之前,于后浇带内对撑一些短钢材作为水平传力构件,用以抵抗回填土造成的结构水平方向的位移。其原理如图 4.2-4 所示。

为研究后浇带水平传力构件抵抗结构侧向位移的效果,并优化水平传力构件布置方案,构建有限元模型,根据实际情况施加边界条件和荷载,通过选取不同截面形式水平传力构件、不同水平传力构件与主体结构连接形式和布设间距,计算不同工况下对应的结构最大侧向位移,选取最合理的水平传力构件布设方式,后浇带水平传力构件应力云图如图 4.2-5 所示。

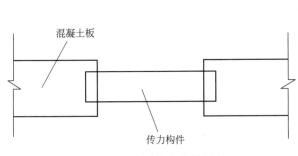

图 4.2-4 水平传力构件原理

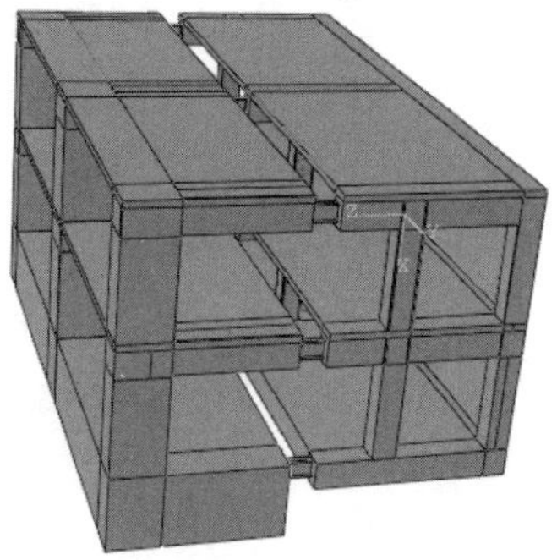

图 4.2-5 后浇带水平传力构件应力云图

4.3 基于反演分析的大体积混凝土温控研究

4.3.1 现场模型试验与参数反演

一、现场模型试验设计

(1) 模型设计

大体积混凝土现场模型试验模型尺寸依据基础形式进行设计,同时参考选择变截面位置、结构薄弱位置、重点关注位置进行截面形式设计。模型试验应尽量保证为足尺试验,若现场试验条件有限,则可酌情进行缩尺试验。模型所用混凝土应与正式施工所用混凝土相同,模型试验浇筑方式、抗裂措施与养护方式亦应与正式施工一致。同时模型试验的实施时间应与正式浇筑时间相近,以保证施工环境相近。大体积混凝土现场浇筑模型中应埋设温度与应变传感器,结果用于参数反演分析。传感器布设采用"一点多向"布设方法(图 4.3-1),每一测点布设 5 个应

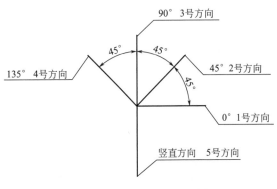

图 4.3-1 传感器安放角度示意图

51

变传感器，高度方向设置 2～3 个测点（图 4.3-1）。

（2）测点布置

1）测点在测试区内监测点按平面分层布置；位置应在变截面与潜在高温部位，以及热通量较大部位和受环境温度影响大的部位。

2）依工程实际情况埋设传感器，每处设置不少于 3 个点。具体布置可参考（图 4-3-2）。

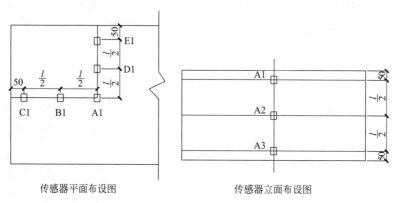

传感器平面布设图   传感器立面布设图

图 4.3-2　测点布置图

3）上下测点均位于距混凝土表面 5cm 处，中间测点位于混凝土底板厚度的中心处。

（3）测温频率

混凝土浇筑后，前 3d 每 2h 测 1 次，第 4～7d 每 4h 测 1 次，第 8～14d 每 6h 测 1 次，同时测出大气温度；对测出的数据应及时整理和分析，对温差超过 23℃时，应及时在混凝土表面加温养护。对混凝土的温度从浇筑起开始进行监测，包括混凝土内部温度从升温、降温、趋近于环境温度及拆除保温层，进入安全范围的全过程。测温时间原则上延续 14d，但根据测温情况和气候变化情况必要时适当延长测温时间，具体根据现场情况而定。混凝土表里温差控制值按表 4.3-1 控制。

温差控制表 表 4.3-1

混凝土厚度（m）	<1.5	1.5～2.5	>2.5
表里温度（℃）	20	25	28

二、反演分析

（1）单纯形搜索法优化反演

单纯形搜索法是一种求解无约束问题最优化的直接方法，这种方法不需要建立数学模型，仅靠输入与输出就能直接进行优化求解，因此对于彼此交互影响，却无法准确得知其对内部作用关系的黑箱系统非常适用。

所谓单纯形是指 n 维空间中，具有 n＋1 个顶点的凸多面体，亦即 n 维空间中最简单的图形。单纯形搜索法就是在此图形顶点上通过对函数值的比较，寻找目标函数最优下降方向，沿着此方向通过反射、扩展、压缩来移动变化顶点，构造新的单纯形进行寻优搜索，使考察指标逐步收敛至目标函数值附近，此状态对应的最佳点坐标即为优化问题的最优解。

在平面上取不共线的三点 X（1）、X（2）、X（3），构成初始单纯形。计算三个顶点的目标函数值并比较大小。确定出三者中函数值最大者 $f[X(h)]$，其对应的顶点为 X（h）；函数值次大者 $f[X(g)]$，对应着顶点 X（g）；函数值最小者 $f[X(l)]$，对应的顶点为 X（l）。

计算出除最大点 $X^{(h)}$ 外其余点的重心 $\overline{x}=\frac{1}{n}(\sum_{i=1}^{n+1}x^{(i)}-x^{(h)})$，明显可看出从点 $X^{(h)}$ 到点 $\overline{x}$，目标函数值是下降的，因此 $X^{(h)}$ 和 $\overline{x}$ 连线方向即为目标函数下降搜索方向。沿着 $X^{(h)}$ 和 $\overline{x}$ 延长线方向取点 $X^{(4)}$，使得 $X^{(4)}=\overline{x}+\alpha(\overline{x}-x^{(h)})$，其中 $\alpha>0$ 被称为反射系数，一般反射系数取值为 1，然后计算反射点的函数值 $f(X^{(4)})$。

根据反射点的函数值 $f(X^{(4)})$ 的大小分为三种优化搜索情况：

1）若 $f(X^{(4)})<f(X^{(l)})$，则方向 $\vec{d}=X^{(4)}-\overline{x}$ 对于函数值的减小有利，则在此方向上进行扩展。取扩展点 $X^{(5)}=\overline{x}+\gamma(x^{(4)}-\overline{x})$，其中 $\gamma>1$ 称为扩展系数。如果 $f(X^{(5)})<f(X^{(l)})$，则表明扩大方向正确，那么用 $X^{(5)}$ 替换 $X^{(h)}$ 构造成新的单纯形；如果 $f(X^{(5)})\geqslant f(X^{(l)})$，则表明扩大失败，用 $X^{(4)}$ 替换 $X^{(h)}$ 构造成新的单纯形，并进行函数值的收敛判定。

2）若 $f(X^{(l)})\leqslant f(X^{(4)})\leqslant f(X^{(g)})$，则用 $X^{(4)}$ 替换 $X^{(h)}$ 构造成新的单纯形判定收敛。

3）若 $f(X^{(4)})>f(X^{(g)})$，即反射点的函数值大于次高点处函数值，则进行压缩。为此在 $X^{(4)}$ 和 $X^{(h)}$ 中选择函数值最小的点，令 $f(X^{(h')})=\min\{f(x^{(h)}),f(x^{(4)})\}$，其中 $X^{(h')}\in\{X^{(h)},X^{(4)}\}$。取压缩点 $X^{(6)}=\overline{x}+\beta(x^{(h')}-\overline{x})$，其中 $0<\beta<1$ 称为压缩系数。如果 $f(X^{(6)})\leqslant f(X^{(h')})$，则表明压缩方向正确，用 $X^{(6)}$ 替换 $X^{(h)}$ 形成新的单纯形；如果 $f(X^{(6)})>f(X^{(h')})$，则继续压缩，保持最低点 $X^{(l)}$ 不动，其余点均向 $X^{(l)}$ 移动一般距离，即 $X^{(i)}=X^{(i)}+\frac{1}{2}(X^{(l)}-X^{(i)})$，$i=1,2\cdots n+1$。

如果 $\left(\frac{1}{n+1}\sum_{i=1}^{n+1}(f(X^{(i)})-f(X^{(l)}))^2\right)^{1/2}<\varepsilon$，则目标函数收敛，否则重新取点进行反射、扩展、压缩计算。其中 $\varepsilon>0$ 为给定的允许误差。取收敛时的坐标为最优值 $X^*=X^{(l)}$，至此计算结束。图 4.3-3 给出了单纯形搜索法优化求解的过程，可以看出得到的新单纯形中必有一个顶点其函数值小于或等于原单纯形各顶点对应的函数值。

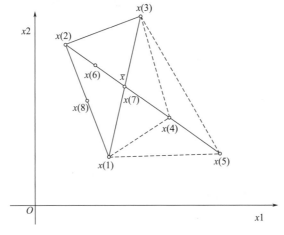

图 4.3-3　单纯形搜索法优化过程

（2）反演过程

混凝土水化热基本参数反演基本过程如下：

1）输入构件材料基本参数值：重度、弹性模量、热传导率等。

2）输入材料时变函数方程：徐变和收缩、考虑弹性模量的变化。

3）建立所求结构模型：根据工程实际建立模型单元和边界条件。

4）水化热反应参数分析：定义水化热积分常数、根据环境监测确定初始温度。

5）根据环境监测定义环境温度函数、根据材料性质对流系数函数、单元对流边界。

6）固定温度输入：结合工程特点对温度不随时间变化的土体部分输入固定温度。

7）输入热源函数、分配热源；后续根据计算结果调整热源函数，形成更准确的计算结果。

8）运行结构分析并查看分析结果：热传导分析，然后查看各时间段温度分布。

9）实测温度记录比对：输出相应测温点模拟结果，与实测温度记录进行比对，然后调整热源函数参数，直至模拟与实测记录趋势一致，记录此时的参数设置作为正式计算参数使用。

选择测温点数据进行参数反演，通过单纯形搜索法，以模拟结果与实测结果的差值为优化函数，进行最小值优化。记录优化所得参数作为正式模拟的计算参数。

4.3.2 工程应用

一、工程概况

图 4.3-4　筏板浇筑工程示意图

本研究基于的超高层建筑工程施工时间处于 5 月上旬，晴天时日平均温度达到 20℃以上。施工前采取适量用粉煤灰与矿粉替代水泥的掺量，用以降低单位体积水泥的发热总量，单位体积中 C40 水泥、粉煤灰与矿粉的重量分别为 230kg、70kg、100kg。电梯井基坑由于最深处要浇筑到 −20.5m，与成型的基础表层最高形成 8.25m 的高度落差，同时两处毗邻的电梯井基坑形成的总体结构长趋近于 20m、宽趋近于 8m，聚集了总体积超过 1000m³ 的大体积立方体混凝土结构（图 4.3-4）。

二、模型试验反演分析

依据前文所述模型试验原则，本研究基于背景工程大体积混凝土结构特点，设计实施了现场模型试验（图 4.3-5），并采集了浇筑过程中的温度应力数据用于反演分析。大体积混凝土温度应力场反演分析计算采用有限元软件 MIDAS 完成。首先按照现场模型试验实际尺寸建立对应的有限元模型（图 4.3-6）包含地基模型与混凝土模型两部分。

反演分析过程计算参数包括环境参数、材料参数两部分，其中环境参数包括环境温度与对流系数两部分。依据 4.3.1 节所述方法进行反演分析，得到基础混凝土与地基的热传导率、结构顶面与周边的对流系数，以及混凝土的热源函数参数见表 4.3-3。

图 4.3-5　模型试验及监测

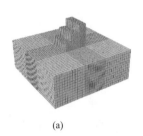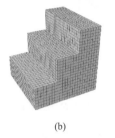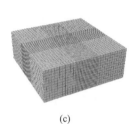

(a)　　　　　　　　　　　　(b)　　　　　　　　　　　　(c)

图 4.3-6　有限元模型

（a）整体模型；（b）基础模型；（c）地基模型

模型材料参数　　　　　　　　　　　　　　　　表 4.3-2

材料名称	比热容 MJ/(m² · K)	导热速率 W/(m · K)	密度 ρ/(g/cm³)
降水黄土土层	1.71	1.2	1.61
素填土土层	1.2	1.1	1.5
含水黄土土层	1.3	2.5	1.78
含水粉质黏土土层	1.5	2.0	1.96
钢筋混凝土结构	0.97	1.257	2.5

反演分析结果　　　　　　　　　　　　　　　　表 4.3-3

参数	基础	地基
热传导率/(kJ/m · h · ℃)	9.628	7.1162
顶面对流系数/(kJ/m² · h · ℃)	15.70	——
周边对流系数/(kJ/m² · h · ℃)	36.31	——
放热函数系数	$K=48.54$　$a=2.15$	——

三、正式施工过程数值模拟

模拟的两处电梯井基础一号电梯井尺寸为长×宽×高＝9m×7.885m×8.25m，U 形空洞尺寸为 3.7m×2m，总体积 524.411m³。二号电梯井为长×宽×高＝10.3m×7.8m×

7.92m，分别有 5.2m×1m、5.2m×1.2m 的两处 U 形构架空洞，总体积 545.688m³。中间连接结构长×宽×高＝6.45m×5.55m×6.35m，体积 227.31m³。材料参数与热分析参数见表 4.3-2 和表 4.3-3，模型如图 4.3-7 所示，其中 1、2、3、4 四个点标记分别对应图 4.3-8 温度变化图中的四个测点。

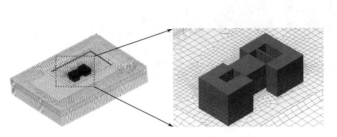

图 4.3-7　数值计算模型　　　　　图 4.3-8　采样点标记示意图

四、数值模拟结果分析

由于混凝土从郊区运送到市区的路途较远因此当混凝土入模时，温度高于平均气温25℃，本研究将混凝土的初始温度设置为 30℃。同时混凝土终凝的养护周期为 28d，所以模拟计算了初始温度为 30℃总周期时长 28d，自然条件下温度变化趋势图如图 4.3-9 所示。

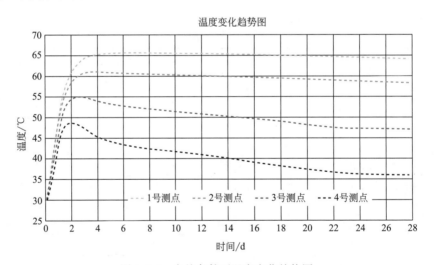

图 4.3-9　自然条件下温度变化趋势图

图 4.3-9 中 1 号测点几乎在绝热环境下，由于混凝土产生的水化热无任何热损，因此在长时间的水化热产生过程中，其温度变化趋势与绝热升温情况基本一致，由图可知，在无任何热损的情况下，初始温度为 30℃的筏形基础，最高温度会达到 64.9065℃。与初始预估的绝热温升 67.3℃十分接近，但是在大气的表层降温和土层的吸热作用下依然有了 2.4065℃的降幅。而最接近土层的 4 号测点，由于直接接触温度更低的黄土土层，最低温度达到了 35.808℃，而此时一号测点的温度为 64.171℃，两者温差达到 28.363℃，我国规范《大体积混凝土施工标准》GB50496—2018 要求内外温差不得超过 20℃，如果产生

温差裂缝，导致电梯井结构失稳，在地震或长期机械振动冲击下，变形的电梯井结构会造成严重的安全事故。

五、温控方案的设置优化

因为电梯井本身周围密集的钢筋网结构对冷却管的铺设造成妨碍，同时浇筑施工后，基础平台也无足够的空间条件运行冷却系统，所以对于内部 1 号测点附近区域进行降温的方案是不可行的，只能通过采取加设保温层的方案提升 3 号与 4 号测点附近区域的温度，即降低土层对混凝土水化热的吸收作用。在下部混凝土与土层中间的垫层中铺设强度足够的隔热结构。

由图 4.3-10 温度变化趋势图可以明显看出，添加了保温结构的混凝土电梯井基础，混凝土结构中心温度测点 1 最高的峰值温度得到了明显提高，峰值达到了 67.19℃。观察混凝土结构养护过程整体曲线可知，与未添加保温层的结构相比，在保温层添加后，四条曲线的间距更小，即使随着时间的变化，相应部分的温差有所增大，但温差峰值最大仅为 6.89℃，由此数值模拟验算的估值可以采取保温措施。

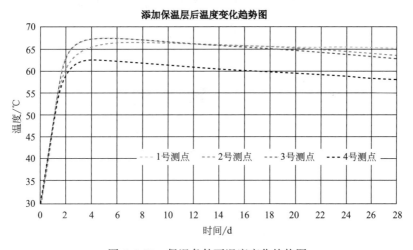

图 4.3-10　保温条件下温度变化趋势图

图 4.3-11 所示为模拟结果与某一测点结果对比图，可以看出由于采用了现场模型试

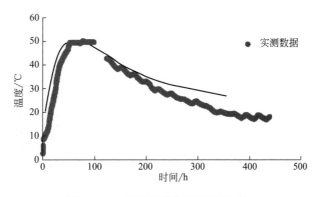

图 4.3-11　测点温度与预测结果对比

验＋反演分析方法进行计算参数标定，模拟结果与实际结果吻合度较高，同时采用优化后的温控方案进行施工后，实现了大体积混凝土基础的无裂缝施工，验证了本研究提出方法的合理性与可靠性。

4.4 内爬式塔式起重机基础下方连梁钢支撑加固数值模拟

4.4.1 加固方法

一、工程概况

绿地丝路全球文化中心项目位于西安市国际港务区，其中5号、7号楼为超高层建筑，包括地下2层和地上36层，建筑高度达164m，采用核心筒＋钢框架结构。为满足主塔楼施工要求，需采用ZSL500内爬式塔式起重机在核心筒内爬升，吊臂长度60m，塔式起重机总高52m。塔式起重机C框梁的尺寸为3.4m×3.4m，塔式起重机安装筒可利用空间为8.9m×5.6m，塔式起重机的2根支撑钢梁长度均为9.7m，布置如图4.4-1所示。

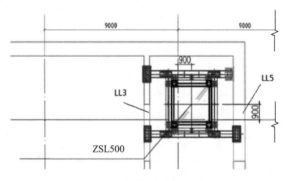

图 4.4-1 内爬塔基础钢梁布置图

二、加固方法

由于核心筒内可利用空间较小，其中一道支撑梁两端支撑点位于混凝土连梁LL3（400mm×1200mm）和LL5（800mm×800mm）跨中位置。连梁下为空洞，作为塔式起重机的支撑点无法保证充足的安全储备。为保证结构健康并为内爬式塔式起重机提供充足的安全储备，需对LL3及LL5进行加固。目前常用结构局部加固方法可为以下四种：增大截面加固法、粘贴型钢加固法、外包型钢加固方法、以及增设钢支撑加固法。增设支撑加固法基于这样一种构想，即设计增加一些结构构件对原来框架结构的受压情况进行合理分摊，起到降低原结构所承受荷载，提高整体结构稳定性的作用。此类加固方法的施工应用步骤非常简便，具有施工速度快且成本投入相对低廉的优点，特别是对于临时加固结构，方便拆装，在结构局部加固中受到广泛应用。本工程加固主要用于抵抗施工期间塔式起重机荷载，其增设支撑用完即拆，因此采用由Q235钢材制作的外径375mm、壁厚10mm无缝钢管作为钢支撑对连梁进行加固，每次塔式起重机爬升结束，利用塔式起重机内吊及时运输钢管支撑，在附着层继续对连梁进行加固。

4.4.2　内爬塔工况分析与模型建立

针对 ZSL500 进行受力简化分析，综合考虑起重力矩和风荷载的影响，可知塔式起重机上支撑框架只受到水平荷载的作用，而由下支撑框架来承担塔式起重机自重和吊重产生的竖向荷载（图 4.4-2）。所以其中受力最不利的最下面一道支撑钢梁，受到垂直力 V、水平力 R 的共同作用。

工作期间内爬式塔式起重机吊臂可在平面内 $360°$ 无死角工作，故而根据吊臂的作业方向归纳为八种工况（图 4.4-3），分别计算各工况下支撑钢梁对连梁接触点荷载。

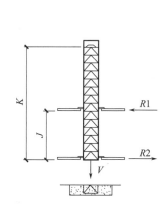

图 4.4-2　内爬塔结构反力示意图

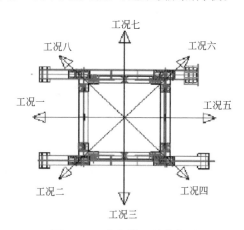

图 4.4-3　内爬塔工况分布图

一、模型建立

针对 ZSL500 型内爬式塔式起重机的基础支撑钢梁进行简化分析，通过 Midas Gen 有限元分析软件建立关于塔式起重机基础支撑钢梁的简易数值分析模型，如图 4.4-4 所示。ZSL500 内爬式塔式起重机附着框架基础支撑钢梁为 $400×900$ 箱式钢梁组成，上下 30mm 厚钢板左右 20mm 厚侧板焊接组合而成，钢材使用 Q345，屈服强度 $f_y=345MPa$，弹性模量为 $2.06×10^5 MPa$，泊松比为 0.3。塔式起重机支撑钢梁主梁通过与结构预埋件焊接与结构形成固定连接，节点 1、2、3、4 为基础钢梁和核心筒接触点，因此在四点设置刚性约束。

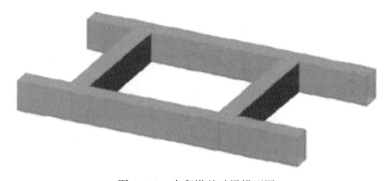

图 4.4-4　内爬塔基础梁模型图

二、加载参数

因内爬塔最大起重质量32t，故选定起重半径15.4m，吊重32t作为塔式起重机工作复核。根据ZSL500内爬式塔式起重机说明书和现场条件以及《建筑结构可靠性设计统一标准》GB 50068—2018，塔机动荷载取作用分项系数1.5，塔机静载荷取作用分项系数1.3，确定塔式起重机荷载数值见表4.4-1。

ZSL500载荷取值表　　　　　　　　　　　　　　　　表4.4-1

项目	单位	工作状态	计算取值
弯矩 M	t·m	770	$1.5 \times 971 = 1398$
水平力 $S(R2)$	t	58	$1.5 \times 61 = 91.5$
竖向荷载 V	t	180	$1.3 \times 180 = 234$
扭矩 M_k	t·m	30	$1.5 \times 30 = 45$
重力加速度 g	N/kg	9.8	9.8

三、支座反力

Midas计算各支座反力结果见表4.4-2。

基础梁支座反力表　　　　　　　　　　　　　　　　表4.4-2

各工况基础梁支座反力(kN)				
工况	节点	Fx	Fy	Fz
一	1	−455.2	−11.7	−626.7
	2	−348.0	−21.6	−626.7
	3	−157.6	15.9	−603
	4	−259.2	17.3	−603
二	1	−227.6	−233.4	−626.7
	2	−348.9	−243.1	−626.7
	3	13.4	−194.8	−603
	4	−299.6	−191.5	−603
三	1	94.4	−327.7	−626.7
	2	−121.5	−332.3	−626.7
	3	213.8	−282.0	−603
	4	−186.8	−278.1	−603
四	1	213.4	−236.3	−626.7
	2	92.1	-240.1	-626.7
	3	435.2	-197.5	-603
	4	122.2	-188.9	-603

续表

各工况基础梁支座反力(kN)				
工况	节点	Fx	Fy	Fz
五	1	168.4	−15.9	−626.7
	2	275.6	−17.4	−626.7
	3	438.8	12.2	−603
	4	337.2	21.1	−603
六	1	−15.2	206.9	−626.7
	2	320.6	203.1	−626.7
	3	223.7	222.1	−603
	4	333.7	230.7	−603
七	1	−228.7	299	−626.7
	2	201.7	294.4	−626.7
	3	−85.2	311.3	−603
	4	112.3	315.3	−603
八	1	−456.2	209.8	−626.7
	2	−120.4	200.1	−626.7
	3	−198.1	224.8	−603
	4	−88.1	228.1	−603

4.4.3　钢支撑结构形式分析

钢支撑常用结构形式有柱型支撑和 V 型支撑（图 4.4-5 和图 4.4-6），为充分保证结构健康，为内爬式塔式起重机提供充足的安全储备，以及对比了解两种钢支撑结构形式在不同塔式起重机工况下对核心筒结构影响，需对两种结构形式的钢支撑使用 Midas Gen 进行有限元分析。

图 4.4-5　柱型支撑

图 4.4-6　V 型支撑

一、模型建立

为反映出本文依托工程背景的真实情况对于不同支撑结构相对核心筒局部结构梁的影响，以实际工程核心筒分别使用柱型和 V 型不同支撑结构为原型。简化建立四层核心筒模型（图 4.4-7 和图 4.4-8），从二层开始由下而上增设钢支撑，在模型剪力墙底端施加 3 个方向的位移和转角约束。

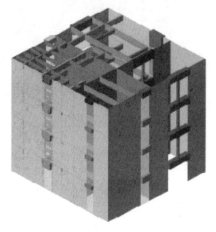 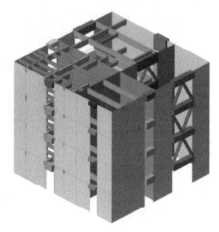

图 4.4-7　柱型支撑模型　　　　　　　　图 4.4-8　V 型支撑模型

二、材料属性及加载方式

剪力墙采用的混凝土为普通混凝土 C60，弹性模量为 3.5992×10^4 MPa，密度为 2549kg/m³。核心筒框架梁采用普通混凝土 C30，弹性模量为 2.9791×10^4 MPa，密度为 2549kg/m³。而连梁与剪力墙同质，采用的混凝土为 C60，弹性模量为 3.5992×10^4 MPa，密度为 2549kg/m³。钢支撑用 Q235B 级钢材，屈服强度 $f_y=235$ MPa，屈服应变为 0.024，抗拉强度 $f_u=375$ MPa，极限应变为 0.26，弹性模量为 2.06×10^5 MPa，泊松比为 0.3。

根据上文塔式起重机工况分析结果可将塔式起重机荷载经支撑钢梁传递到核心筒上的工况可分为八种：以塔式起重机悬臂指向 x 轴负向为工况一，塔式起重机悬臂以逆时针方向旋转 45° 为一种工况依次设计八种工况，对应两种不同支撑模型分别进行加载。

三、模拟结果分析

采用有限元软件程序 Midas Gen 计算分析所得工况一状态下的结果：由柱型支撑加固的核心筒模型的最大位移云图及结构承载梁单元应力云图计算分析结果如图 4.4-9 和图 4.4-10 所示。

根据计算结果（图 4.4-9 和图 4.4-10）可知，除了极少部分结构梁出现位移最大值 0.02167mm，其他影响都不大，而对于柱型支撑核心筒结构模型中的梁单元出现的最大应力值也只有 1.7035MPa，C60 混凝土抗拉强度设计值为 2.04MPa。因此混凝土构件梁不会出现裂缝，可以认为核心筒结构的安全储备是充足的。

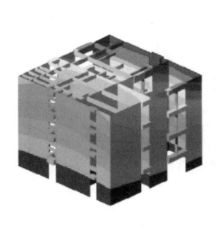

图 4.4-9　柱型支撑模型等值线位移云图

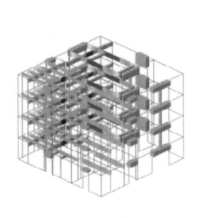

图 4.4-10　柱型支撑模型结构梁单元应力云图

　　通用有限元软件程序 Midas Gen 计算分析所得工况一状态的结果中：由 V 型支撑加固的核心筒模型的最大位移云图及结构承载梁单元应力云图计算分析结果如图 4.4-11 和图 4.4-12 所示。

　　根据计算结果（图 4.4-11 和图 4.4-12）可知，仅有极少部分结构梁出现位移最大值为 0.02165mm，对于其余部分影响较弱。而对于 V 型支撑的核心筒结构模型中的梁单元出现的最大应力值也只有 1.6796MPa，C60 混凝土抗拉强度设计值为 2.04MPa。因此混凝土构件梁不会出现裂缝，核心筒结构的安全储备是充足的。

　　将八种工况下的核心筒最大位移变形进行分析统计得结果见表 4.4-3。

图 4.4-11　Ⅴ型支撑模型等值线位移云图

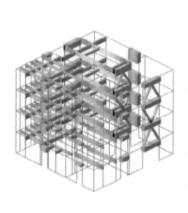

图 4.4-12　Ⅴ型支撑模型结构梁单元应力云图

核心筒变形及支撑结构应力统计　　　　　　　　　　　　表 4.4-3

工况	最大位移量（mm）		结构最大应力（MPa）	
	柱型支撑	Ⅴ型支撑	柱型支撑	Ⅴ型支撑
工况一	0.02167	0.02065	3.74786	3.60424
工况二	0.0527	0.05172	8.40484	15.3075
工况三	0.08345	0.08166	12.3686	23.8222
工况四	0.0933	0.09191	11.2668	21.742
工况五	0.07325	0.07219	11.9641	11.949
工况六	0.05533	0.05408	8.23892	15.2892
工况七	0.0733	0.0722	25.8922	49.775
工况八	0.08862	0.08727	8.6474	16.7158

柱型支撑最大应力 25.8922MPa，V 型支撑最大应力 49.775MPa，均小于规范规定的 235MPa，满足要求。相较于柱型支撑，由 V 型支撑的核心筒结构在各种工况下的结构最大位移量明显较小，V 型支撑加固效果优于柱型支撑。

4.4.4　案例应用

中铁二十局六公司承建的绿地丝路全球文化中心项目，位于西安市灞桥国际港务区，奥体中心东侧，西临杏渭路，南临下双寨村。占地面积 6.5 万 m²，总建筑面积 32.9 万 m²。业态为：超高层办公、高层公寓、配套商业、会议中心、独立商业、人防车库、非人防车库等。共 6 栋楼，其中 5 号、7 号楼为超高层建筑，地下 2 层，地上 36 层，建筑高度 160m，结构形式为核心筒＋钢框架结构。6 号楼为人才公寓，地下 2 层，地上 30 层，建筑高度 98.8m，1 号、2 号楼为地下 1 层，地上 2 层，3 号楼为地下 1 层，地上 3 层。在 1 号塔机和 2 号塔机的内爬塔中设置了智能监测系统，对建筑结构、塔式起重机以及临时支撑体系进行了实时的应力应变与位移监测，通过实时数值反演分析优化计算参数，并模拟后续施工过程，为后续施工过程的优化提供依据，应用该施工方法提高了内爬塔施工的安全性，降低了安全管理成本，节省了施工工期，具有推广价值。

一、工艺流程

本工法在结构主要监测部位粘贴应变片，预埋或后置振弦式应变传感器，采用智能应力监测设备对内爬塔、加固构件与结构的应力应变随施工变化的方法，在监测过程中变形值需实时对比计算结果，确保结构安全。若监测数据超过验算结果且影响到结构安全，需停止施工并进行变形分析及结构加强。施工流程如图 4.4-13 所示。

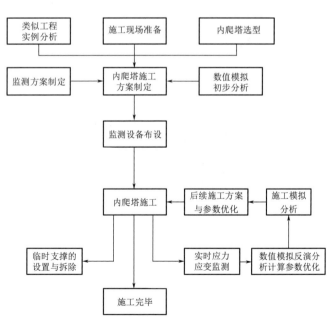

图 4.4-13　施工流程图

二、有限元数值分析

1. 预分析

有限元数值预分析的目的在于根据施工图纸，在施工之前分析不同时间点、不同状态下，不同施工步骤造成的力学响应，从而实现包括施工步骤、施工参数、临时支撑设置等的优化，为实际施工提供理论依据。同时施工预分析模型也作为后续反演分析的模型继续使用，只是在反演分析中通过调整预分析时设置的初始计算参数，与监测结果对比，通过优化算法调整计算参数使得模拟结果与实际相吻合，提高计算精度，为后续施工提供参考。

模型建立主要分为：①材料的设置；②永久结构构件的建立；③临时支撑的建立；④多工况的实现；⑤边界条件、荷载的施加；⑥运算与分析（图 4.4-14～图 4.4-19）。

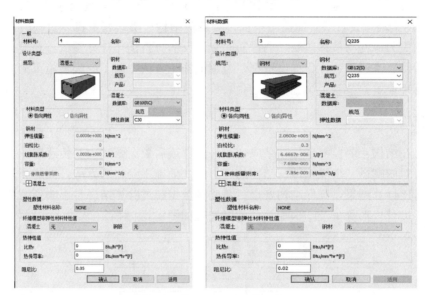

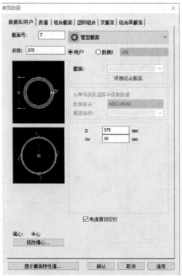

图 4.4-14　材料建立

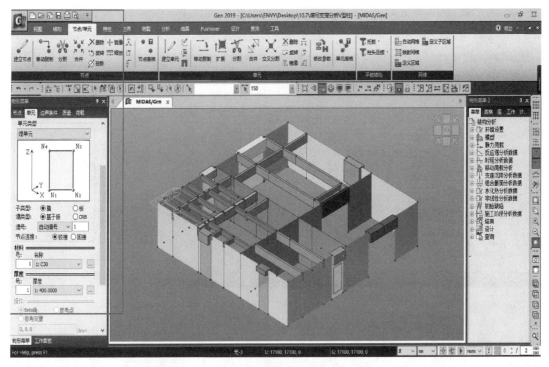

图 4.4-15 墙体建立

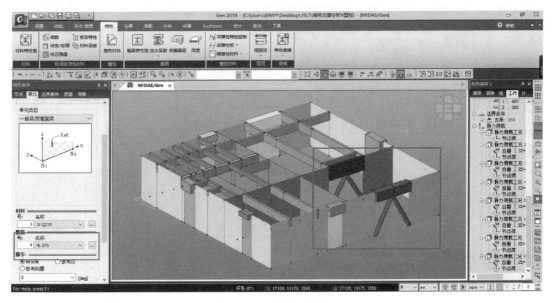

图 4.4-16 临时支撑建立

2. 同步反演数值分析

施工过程中的同步反演数值分析以预分析为基础,在施工的过程中随着内爬塔施工而同步进行。对监测结果进行实时分析,借助优化算法——"单纯型搜索法"将模拟结果与

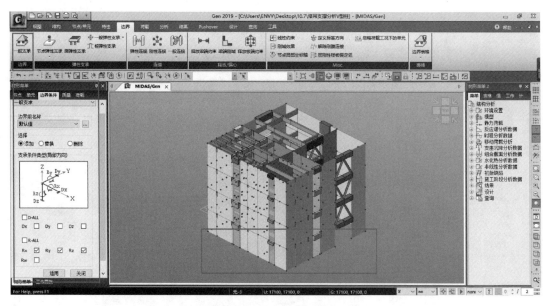

图 4.4-17　多层模型建立

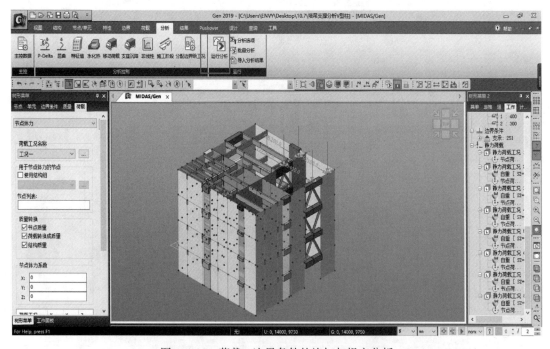

图 4.4-18　荷载、边界条件的施加与提交分析

监测结果进行参数优化，以弹性模量、泊松比、屈服强度、混凝土损伤参数等为待优化参数，以监测结果与模拟结果曲线之间的差值为优化函数，通过反复迭代参数，寻找最吻合监测结果的计算参数。反演过程通过有限元软件二次开发实现，二次开发代码示意图如图4.4-20 所示。

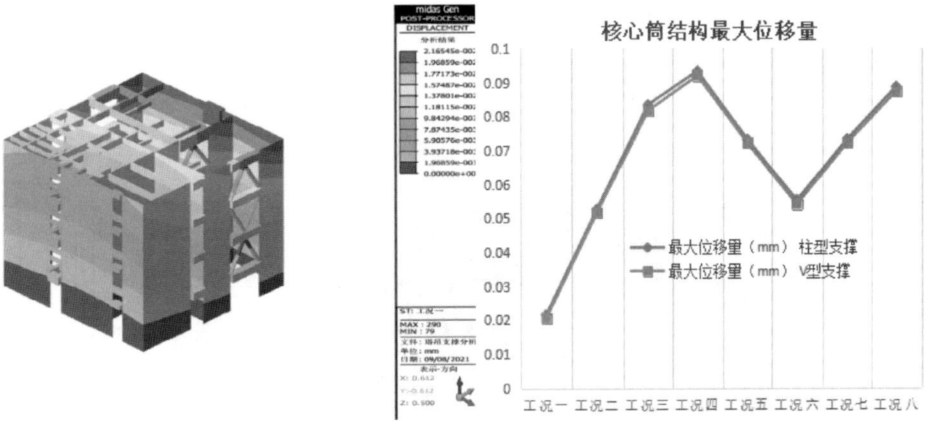

图 4.4-19　结果分析

```
po=[0.35,0.38,0.34,0.35,0.36,0.33,0.34]
EE=70000.0
Factor=[0.5,0.6,0.7,0.8,0.9,1.0,1.1,1.2,1.3,1.4,1.5,1.6,1.7,1.8,1.9,2,2.1,2.2,2.3,2.4,2.5,2.6,2.7,2.8,2.9,3.0]
ca=[-9.14,-10.3,-12.9,-11.8,-16.1,-23.6,-21.6]
cb=[24.81,28.96,33.29,33.86,39.78,58.90,59.56]
fa=[-3.71,-3.27,-3.58,-3.00,-3.25,-7.09,-8.03]
fb=[22.16,22.24,23.14,21.97,23.08,28.80,30.82]
modelName='Model-1'
partName='Soil'
layerNumber=6
stepname='Remove'
times=[4,76,168]#,12,16,20,24,28,32,36,40,44,48,52,56,60,64,68,72,76,80,84,88,92,96,100,108,112,120,124,132,136,144]
#-----------------------------------------------------#
import numpy as np
import math

mymodel=mdb.models[modelName]
mypart=mymodel.parts[partName]
for time in times:
    odb=session.openOdb('Job-1.odb')
    for i in range(layerNumber):
        for ele_index in mypart.sets['l'+str(i+1)].elements:
            ele=ele_index.label
            Matname='soil'+str(i+1)+'-'+str(ele)
            SAT=odb.steps['Step-2'].getFrame(frameValue=time).fieldOutputs['SAT'].values[ele-1].data
            CC=ca[i]*SAT+cb[i]
            FF=fa[i]*SAT+fb[i]
            elasticProperties=(EE,po[i])
            Mcc=[]
            Mcp=[]
            for factors in Factor:
                Mcp.append((atan(tan(FF*pi/180)/factors)*180/pi,(atan(tan(FF*pi/180)/factors)*180/pi)/2,factors))
                Mcc.append((CC/factors,0.0,factors))
            #mySoil=mymodel.Material(name=Matname)              ####
            mySoil=mymodel.materials[Matname]               #11#
            #mySoil.Elastic(table=(elasticProperties,))         ####
            mySoil.MohrCoulombPlasticity(dependencies=1,table=(Mcp))
            mySoil.mohrCoulombPlasticity.MohrCoulombHardening(dependencies=1, table=(Mcc))
            #sectionname="SoilSec"+str(ele)                     ####
            #mySection=mymodel.HomogeneousSolidSection(name=sectionname,material=Matname,thickness=1.0)        ####
            #setname='Mset'+str(ele)                                                                           ####
            #region=mypart.Set(elements=mypart.elements[ele-1:ele],name=setname)                               ####
            #mypart.SectionAssignment(region=region,sectionName=sectionname)                                   ####
    odb.close()
    mdb.Job(name='rain-'+str(time),model=mdb.models.keys()[0])
    mdb.jobs[mdb.jobs.keys()[-1]].submit()
```

图 4.4-20　有限元软件二次开发示意图

3. 施工同步监测

（1）应变监测

应变监测主要采用电阻式应变片以及振弦式应变仪两种传感器，前者主要用于临时支撑的应变监测、后者用于结构的应变监测。测点位置与传感器埋设数量通过数值预分析的结果进行选取，主要选择在应力、应变值较高、存在应力集中位置（图4.4-21）。

图4.4-21 电阻式应变片（左）与振弦式应变仪（右）

1）电阻式应变片

根据实际情况选择相应的应变片后，将应变片所要粘贴的部位用砂纸打磨直至除去油漆、锈迹以及镀金等。在需要测量应变片的位置沿着应变方向做好记号，并用工业用薄纸蘸取丙酮溶液对要粘贴应变片的部位进行清洁。然后在应变片的背面滴一滴粘贴剂（502胶）并粘在所做记号的中心位置。在置于粘贴位置的应变片上面盖上附带的聚乙烯树脂片，并用手在上面按压一分钟左右。具体的粘贴方式如图4.4-22所示。

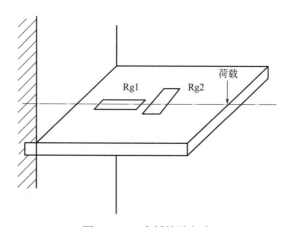

图4.4-22 半桥粘贴方式

根据测点测量的用途，把测量点的连接方式区分为1/4桥、半桥和全桥。半桥连接方式适用于在环境温度变化较大的条件下测量简单拉伸压缩或弯曲应变。具体的连接方式如图4.4-23所示。实际安装时应按照具体测点的受力特性选择相应的安装方式。

通过对施工过程中永久结构与临时支撑结构的监测，可及时获取各施工阶段不同的结构部位变形情况，将监测所获得的数据与事先经过理论计算所获得的变形数据进行比较，及时调整施工和安装变形误差，保证施工安全性及施工过程正常进行。

2）埋入式振弦应变传感器

在主要受力结构梁内部埋入振弦式应变传感器，测点传感器位置与安装详图如图4.4-

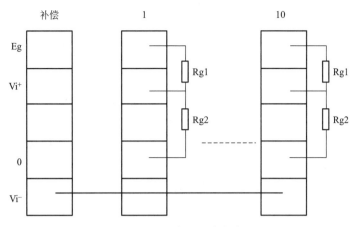

图 4.4-23　半桥连接方式

24～图 4.4-26 所示。每组测点采用通长钢筋焊接的形式进行安装，通长钢筋焊接固定于梁中间位置，在通长钢筋上焊接横向钢筋支架，将传感器绑定至钢筋支架上，钢筋支架与传感器安装详图见图 4.4-24。横向每 50cm 焊接一根通长钢筋。每个通长钢筋上安装 4 个传感器。最上与最下传感器距混凝土表面保留 15cm 距离。

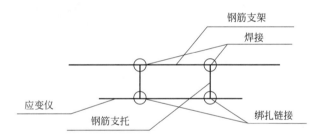

图 4.4-24　横向应变仪安装示意图

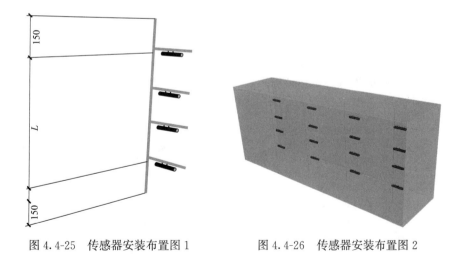

图 4.4-25　传感器安装布置图 1　　　　图 4.4-26　传感器安装布置图 2

3）表面式振弦应变传感器

a. 强力胶安装。

① 将安装座紧固在应变计安装棒两端。

② 将被测结构物需要安装夹具的部位整平打毛，将装有试棒的夹具底部的中间（在同一平面上）涂上 AB 胶（快干环氧树脂胶），沿夹具四周涂上 502 快干胶，随即粘贴在被测结构物整平打毛部位上，压紧 2min 左右即可松手，10min 左右即可粘贴牢固。

b. 用膨胀螺钉紧固安装：适合于混凝土结构表面的长期观测。

① 将安装座从应变计上卸下。

② 在混凝土结构表面打上两个 $\phi 8$ 的孔（可安装 $\phi 6$ 的膨胀螺钉），孔中心距为 150mm（配有专用定位安装工具）。

③ 上膨胀螺钉并将孔内间隙用强力粘结胶填满后装上方垫片，待胶固化再将应变计装入膨胀螺钉内。

④ 调节好应变计初始读数并拧紧膨胀螺钉螺母（图 4.4-27 和图 4.4-28）。

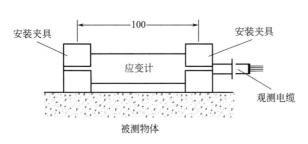

图 4.4-27　表面安装示意图

图 4.4-28　表面安装实物图

4）钢筋应变计

钢筋计与受力主筋一般通过连杆电焊的方式连接图 4.4-29。因电焊容易产生高温，会对传感器产生不利影响。所以，在实际操作时有两种处理方法。

其一，有条件时应先将连杆与受力钢筋碰焊对接（或碰焊），然后再旋上钢筋计。

其二，在安装钢筋计的位置上先截下一段不小于传感器长度的主筋，然后将连上连杆的钢筋计焊接在被测主筋上焊上。钢筋计连杆应有足够的长度，以满足规范对搭接焊缝长度的要求。

在焊接时，为避免传感器受热损坏，要在传感器上包上湿布并不断浇冷水，直到焊接完毕后钢筋冷却到一定温度为止。在焊接过程中还应不断测试传感器，判断传感器是否处于正常状态。

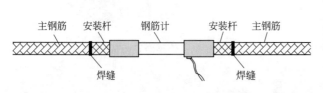

图 4.4-29　钢筋应力计安装示意图

（2）位移监测

1）拉绳传感器

使用拉绳式位移传感器把机械运动转换成可以计量、记录或传送的电信号。拉绳位移传感器由可拉伸的不锈钢绳绕在一个有螺纹的轮毂上，此轮毂与一个精密旋转感应器连接在一起，感应器为增量编码器，绝对（独立）编码器，混合或导电塑料旋转电位计，同步器或解析器。

操作时，将拉绳式位移传感器安装在固定位置上，拉绳缚在移动物体上，且保持拉绳直线运动和移动物体运动轴线一致。运动发生时，拉绳长度变化，而内部弹簧保证拉绳的张紧度不变。由带螺纹的轮毂带动精密旋转感应器旋转，输出一个与拉绳移动距离成比例的电信号。测量输出信号可以得出物体的位移，以此记录钢柱结构位移。位移监测点如图4.4-30 和图 4.4-31 所示，布置在钢柱中部钢环，监测钢柱实时位移变化。

图 4.4-30　拉绳传感器

图 4.4-31　拉绳传感器安装

2）倾角传感器

倾角传感器可以用来测量相对于水平面的倾角变化量。理论基础为牛顿第二定律，根据基本的物理原理，在一个系统内部，速度是无法测量的，但却可以测量其加速度。如果初速度已知，就可以通过积分计算出线速度，进而可以计算出直线位移，所以它其实是运用惯性原理的一种加速度传感器。倾角传感器把 MCU、MEMS 加速度计，模数转换电路，通讯单元全都集成在一块非常小的电路板上面，可以直接输出角度等倾斜数据。为防止钢柱偏心受压，如图 4.4-32 和图 4.4-33 所示，在钢柱中部格挡设置倾角传感器，监测钢柱倾角。

（3）智能监测平台

为确保监测数据的真实性和精确性，监测数据通过智能节点将数据通过 4/5G 网络发送到云平台，然后经过统计和处理后自动生成相应的曲线和报表。数据采集上传到信息管

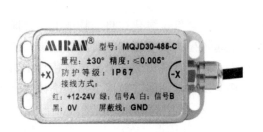

图 4.4-32　倾角传感器

图 4.4-33　倾角传感器安装示意图

理平台后，施工单位可在第一时间内浏览所有数据，过程如图 4.4-34 所示。施工方通过监控量测信息平台的数据即时分析塔式起重机受力情况及安全储备，反馈指导施工，使设计参数更符合实际施工。

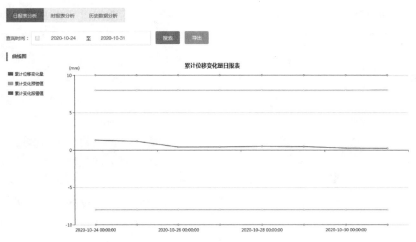

图 4.4-34　智能化监测云平台

三、内爬塔爬升过程（图 4.4-35～图 4.4-36）

1. 安装内爬支撑系统。
2. 安装附着 C 型框架梁，并紧固螺栓。
3. 悬挂安装爬带、收缩油缸，使爬升下爪踏上爬梯挡块，支撑塔机准备爬升。
4. 松开每个爬升 C 型框架的楔块（首次爬升需先松开基础标准节连接螺栓）。
5. 平衡塔身，试爬升，停留约 10min 检查无异常后继续操作油缸爬升。
6. 伸长液压缸，升起塔机，爬升上爪滑过一个爬梯挡块，停止顶升。
7. 收缩液压缸，爬升上爪踏上爬梯挡块，支撑塔机。

8. 继续收缩液压缸，爬升下爪踏上一个爬梯挡块。

9. 根据爬升高度，重复以上步骤。

10. 继续收缩液压缸升起，直到标准节爬爪踏在 C 型附着框架上。

11. 重新紧固楔块螺栓顶紧塔身，支撑塔机保持垂直，爬升完成。

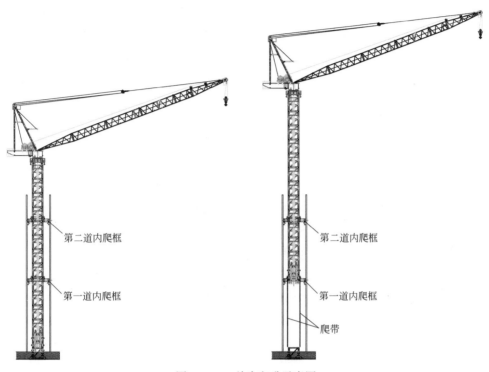

图 4.4-35　首次爬升示意图

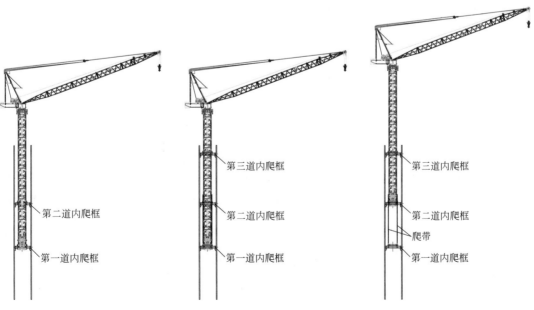

图 4.4-36　塔式起重机爬升示意图

四、临时支撑的安装与拆除

根据层高不同将钢柱分节，避难层为 4 节，标准层为 3 节，采用钢板拼装焊接，钢材均为 Q235B。圆形钢柱直径 400mm，壁厚 10mm；分节钢板壁厚 16mm，截面尺寸 410mm×410mm、600mm×410mm。布置方式如图 4.4-37 所示。

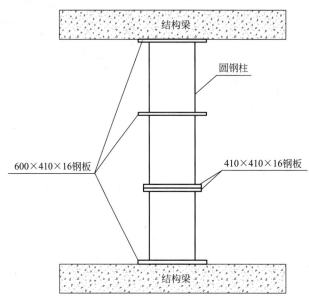

图 4.4-37 临时支撑布置图

1. 第①节钢柱安装

实地量测净空尺寸，合理安排分节。对①节钢柱及 2 块 600mm×410mm×16mm 钢板进行预拼装，沿圆弧周边对接满焊，基底找平清理完毕后，使用塔式起重机配合吊装至指定位置。如图 4.4-38 所示。

2. 第②、③节钢柱安装

对②、③节钢柱及 2 块 600mm×410mm×16mm 钢板进行预拼装，沿圆弧周边对接满焊，顶部找平清理完毕后，使用塔式起重机配合吊装至指定位置。在第①节钢柱顶部钢板两端放置液压千斤顶，对上部临时结构顶紧。如图 4.4-39 所示。

3. 钢板塞缝焊接

在千斤顶回顶完毕后，在第①节与第③节间塞入 1 块 410mm×410mm×16mm 钢板（厚度可以根据实际有所调整），与下部钢板四边点焊，完成后沿上部钢板边切除多余部分。如图 4.4-40 所示。

4. 拆除

在上部结构不直接承受内爬塔自重及爬升荷载后，塔式起重机配合拆除临时支撑。

（1）拆除顺序：先拆上部支撑，后拆下部支撑，拆除存在困难的可以对钢柱进行切割。

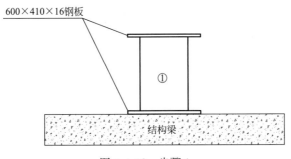

图 4.4-38　步骤 1

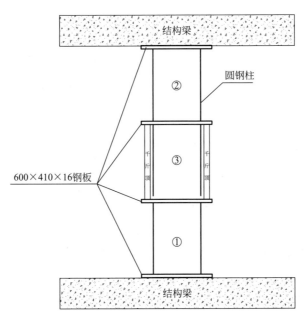

图 4.4-39　步骤 2

（2）拆除时，操作人员应站在安全处，以免发生安全事故。待该段临时支撑拆除完成后，拆下的材料严禁抛扔，要有人接应传递，指定地点堆放整齐。

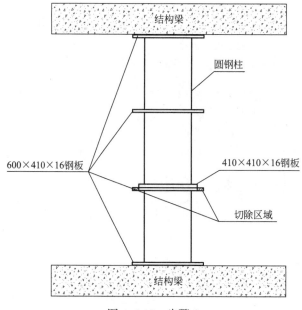

结构梁

圆钢柱

600×410×16钢板

410×410×16钢板

切除区域

结构梁

图 4.4-40　步骤 3

4.5　本章小结

4.1 节提出了适合于超高层建筑施工的一体化信息处理框架，提出了以下方法。

（1）建立可视化动态施工电梯运行管控平台，将识别数据、运行监测与建筑信息模型一体化集成，同时在超高层建造中成功应用塔式起重机智能监测、分析、预警三位一体技术，保障生产安全，防范重大安全事故，提升智能化安防水平。

（2）超高层智能信息化施工平台改变传统的管理模式，实现了宏观、微观场景相结合，工程内部结构与周边环境相结合的全方位控制管理，提高施工效率，缩短工期，有效控制了施工成本。

（3）通过信息化施工平台将进度、质量、安全等多方位管理融合到一个平台中，形成以可视化施工平台为基础的多业务系统并存并联的超高层建设信息化整体解决方案，加强各专业之间协作能力。

4.2 节以绿地丝路全球文化中心项目为例，针对超高层施工体量大、施工难度大、工期紧等问题，介绍施工过程中采取的进度管理措施及钢管混凝土侧抛免振浇筑、钢筋桁架楼承板临时支撑和后浇带对称水平传力构件等快速施工技术，该措施可大大提高施工效率，保证施工进度。

4.3 节提出采用现场模型试验与参数反演分析结合的方式进行数值模拟计算参数优化。在此基础上对不同环境条件下的大体积电梯井基础混凝土结构水化热控制数值模拟试验，结合实际施工计划流程进行相应的施工技术手段控制。通过对现场模型试验的监测结果进行反演分析，所得出的数值模拟计算参数能够全面反映混凝土温升特性、施工环境、保温措施等因素影响，能够更加准确地实现温度应力场的模拟。采用反演分析结果进行施工过程模拟，实现了温度应力场的准确模拟，在此基础上完成了保温养护措施方案的确定。在电梯井基础部位设置保温层，结构表面散热速度趋缓，使得热能积攒，这在一定程度上导致混凝土中心峰值温度升高，但是小于规定值 70℃，但保温层的设置使得结构中心层至表层的温差大大降低，使得温度裂缝消失。

4.4 节针对绿地丝路全球文化中心项目内爬式塔式起重机基础钢梁下连梁加固展开探索，对核心筒及钢支撑进行简化分析并利用有限元软件 Midas Gen 建模，对连梁下钢支撑加固的支撑结构形式展开研究分析，并通过数值模拟来分析研究不同支撑结构形式对建筑结构的影响。

（1）本工程采用增设钢支撑加固核心筒，塔式起重机荷载通过连梁及钢管支撑传至下层，由三层连梁共同抵抗塔式起重机荷载，可有效增强连梁的承重性能，提高结构安全储备。

（2）由 Midas Gen 有限元软件程序对塔式起重机基础钢梁的计算分析得：塔式起重机悬臂处于工况四时，核心筒结构受影响最大。因此，施工过程中，当塔式起重机位于该工况时，应加强监测。

（3）经 Midas Gen 有限元计算柱型支撑最大应力 25.8922MPa，V 型支撑最大应力 49.775MPa，均小于规范规定的 235MPa，满足要求。相较于柱型支撑，由 V 型支撑的核心筒结构在各种工况下的结构最大位移量明显较小，V 型支撑加固效果优于柱型支撑。

第5章 钢管混凝土快速施工及缺陷监测技术研究

5.1 超高层钢管混凝土柱侧抛免振浇筑技术

5.1.1 主要施工工艺

一、钢管混凝土柱侧抛浇筑技术综述

1. 基本原理

钢管混凝土柱侧抛浇筑技术是指在钢管柱侧壁开设浇筑孔，借助已经完成施工的楼承板架设混凝土泵送管，通过泵送压力将混凝土输送至相应高度，再自上而下地浇入钢管柱内，依靠混凝土下落时产生的动能以及自身的特性达到密实的效果。

2. 特点

侧抛浇筑是结合高抛免振浇筑技术和泵送顶升浇筑技术的特点演化出来的一种施工技术，其主要依靠混凝土在自重作用下，无需振捣就能达到流动和密实的效果。其主要特点如下：

（1）侧抛浇筑与人工振捣浇筑法和高抛免振浇筑法从钢管高位浇灌混凝土不同，其依赖的是在钢管柱侧壁开设的浇筑孔进行浇筑，采用这种方式可以实现外框架楼承板和钢管柱的施工不受混凝土浇筑的影响，两者可以错开4～6层，从而提高钢结构的安装效率，有效保证施工工期；同时混凝土主要通过泵管进行泵送，无需调用塔式起重机进行吊运，省去了料斗和浇灌平台的制作，加强塔式起重机的利用率，可减少工序环节，有效降低劳动强度，加快施工进度，降低施工费用，节省施工成本。

（2）施工人员的工作面和泵管架设位置都在已经完成施工的钢筋桁架楼承板上，不用在钢管柱端搭设临时工作面，大大降低了钢管混凝土浇筑的安全风险。

（3）与顶升浇筑自下而上的浇筑方式不同，侧抛浇筑是混凝土自上而下进行浇筑，对施工设备的技术要求和施工组织管理的要求较低，免去了拆装顶升阀工序、不需要等混凝土凝固，施工时间短，节省施工成本。

（4）基本工序明确，每项工序都有控制、施工质量可靠。混凝土浇筑速度快，不浪费混凝土。

二、微膨胀自密实混凝土配合比设计

钢管柱有梁连接的牛腿位置处有隔板，内部设有加劲板，且钢管柱过高，振捣棒难以对钢管内混凝土进行有效振捣，所以普通混凝土不能达到使用要求。微膨胀自密实混凝土

流动性优良,可利用浇筑过程中高处下抛产生的动能实现自流平并充满钢管柱,同时避免管内危险作业和人为影响混凝土的因素,有效提高混凝土质量与施工安全程度。

为保证钢管混凝土工作性能和强度等级要求,应与混凝土搅拌站在试验室进行反复试配,寻找最合适的混凝土配合比,并在现场做试配试件,检测混凝土坍落度经时损失、流动性、离析度、强度值等各项指标,形成最优配合比。保证混凝土具有较好的流动性、稳定性和较低的黏度,选用合适的外加剂、粗细骨料、掺和物,并进行特殊混凝土配合比设计;控制粗骨料空隙率,空隙率较小时,不仅可节约水泥,还能提高混凝土的流动性,减少混凝土拌合物泌水。混凝土收缩是其固有属性,掺一定量膨胀剂可补偿混凝土自身收缩,以补偿因温差和干缩产生的内应力,还可降低混凝土水化热,避免产生冷缝,确保混凝土在钢管中填充密实不产生过多缺陷;同时也要防止膨胀剂掺量过大引起混凝土过度膨胀,对结构造成破坏,需模拟混凝土在钢管中的条件测定不同掺量下混凝土的各项性能及变形值,确定膨胀剂的最佳掺量。

三、钢管柱预留孔设置

为便于施工,浇筑孔应设在钢管柱中间位置并朝向建筑内侧,且应靠近每层楼承板上表面,其中心位置距楼承板 500mm,浇筑孔直径为 300mm,在浇筑孔正下方距楼承板 100mm 位置开设 1 个直径为 20mm 的排气孔,便于混凝土浇筑时排出钢管内部气体。为降低开孔过多对结构受力产生影响,实际施工中采取隔层开孔,可保证施工效率,钢管柱侧壁开孔如图 5.1-1 所示。

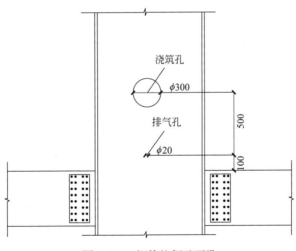

图 5.1-1   钢管柱侧壁开孔

四、混凝土泵送

确定混凝土泵送方案时,需注意泵送压力和泵管布置。对于超高层建筑来说,过长的泵送路径会增加泵送压力,柱内混凝土强度等级很高,其稠度比普通混凝土大很多,会增加混凝土泵管间的摩阻力。混凝土泵送前首先要考虑如何避免泵管内混凝土回流,要确保减少混凝土回流压力措施的可行性,防止泵送过程中发生事故。由于超高层泵送压力过大，应根据泵送压力选择合适的高压泵管，布置时也应该与主体结构固定牢固。

混凝土泵送时，泵机应处于低速运转状态，注意观察泵压力和各部分工作情况，待顺利泵送后方可提高到正常输送速度。在泵送过程中，注意观察压力变化，若压力出现异常波动，先降低排量，再视情况反泵 1～2 次，然后再正泵，输送泵液压系统最大工作压力应根据混凝土工作性能随时调整。若泵送过程中出现堵管，应先关闭截至阀拆除泵管，然后进行反泵疏通，敲打堵管部位。若以上方法排除堵管无效，可先关闭液压闸阀，待泄压后，清除堵管中混凝土，接好管道，开启液压闸阀再继续泵送。遇到爆管现象时，应关闭垂直管与水平管处的液压闸阀并更换管道；在泵送过程中定期用红外线测厚仪检测水平段与垂直段输送管厚度，厚度小于 4mm 时更换，这样可有效避免爆管。

5.1.2　工程应用

中铁二十局六公司承建的西安绿地丝路全球文化中心项目位于陕西省西安市国际港务区，西临杏渭路，南侧为中央绿廊，北接柳新路，东临规划路。项目为第十四届全运会配套项目，包括两栋超高层、一栋高层、三栋多层商业及裙房和地下车库。本工程 5 号/7 号楼−2 层至顶层设 16 根方管柱，内灌混凝土；钢管柱内灌混凝土等级整体为 C60 自密实，其中方管柱尺寸为有：□1100×30、□1000×28、□900×25、□800×20。钢管单节施工高度在 5.84～11.7m；直径为 800～1200mm，单次浇筑量较大，构件截面较大，混凝土振捣量较大，钢管柱内节点板间距较密。考虑本工程 1 号-A 会议中心、5 号/7 号楼地上1～4 层钢管混凝土柱采用浇筑法施工难度大以及钢结构进场构件未按照浇筑法施工工艺对钢管柱进行开洞，故本工程地下室及地上 1～4 层钢管混凝土柱采用高抛振捣法施工工艺，地上 5 层开始采用侧抛免振法施工工艺。在该工程的钢管混凝土柱施工过程中进行了混凝土超声波缺陷检测，并基于监测结果建立了钢管混凝土柱的有限元数值模拟，通过实际受力模拟验证了钢管混凝土柱是否质量合格，并对不合格的混凝土缺陷进行了修补处理，确保了钢管混凝土柱的施工质量。

一、混凝土配合比设计

本工程钢管柱内混凝土强度高（C60），黏性大；钢管单节施工高度最大为 11.7m，导致混凝土下落高度大，这就要求混凝土具有好的流动性和和易性。考虑实际工程特点和施工技术，结合施工现场当地原材料供应能力，合理筛选原材料为：P·O42.5 普通硅酸盐水泥，Ⅰ级粉煤灰，细度模数为 3.0～2.6 的中砂，5～25mm 的碎石，S95 级矿渣粉，LSP 聚羧酸高效减水剂。最终配合比（kg/m³）为：水泥∶水∶砂∶碎石∶减水剂∶粉煤灰∶S95 矿渣粉＝430∶156∶646∶1054∶14∶60∶70，压力泌水比小于 40%，泵送混凝土坍落度为（200±20）mm，混凝土初凝时间≥8h，终凝时间≤12h，坍落度经时损失1h＜20mm，2h＜40mm，28d 抗压强度为 73.1MPa。混凝土各项性能均满足本工程施工需要。

二、浇筑孔开孔

钢管柱侧壁开孔应在工厂加工阶段完成，在开孔前结合结构设计反复确认，钢管柱表面的灰尘应在开孔前清理干净，按照设计开孔位置要求进行放样，根据钻孔位置的要求弹出孔的中心部分和孔的弧形部分，在开孔旁做好标记；开孔操作人员必须具备特种人员作业证，且必须按照放样位置进行开孔，防止开孔时将钢板掉入钢管柱内，应在钢板上焊接一个可用手握的短钢筋，如图 5.1-2 和图 5.1-3 所示。将割下来的钢板点焊于孔洞旁，防止钢板丢失。切割下来的钢板点焊在浇筑孔上方，方便混凝土浇筑完后进行补焊。浇筑孔与溢流孔的具体分布位置如图 5.1-4 所示。

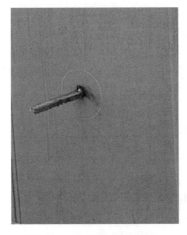

图 5.1-2　开孔前定位图　　　　图 5.1-3　开孔后封孔板　　　　图 5.1-4　侧壁开孔现场图片

三、混凝土泵送方案

本工程主楼最大泵送高度为 150m，混凝土泵送高度大，泵送难度大。出口压力与整机功率是体现混凝土输送泵泵送能力两个关键参数，出口压力是泵送高度的保证，而整机功率是输送量的保证。从理论计算与工程实践两方面对出口压力与功率进行分析，再对所选输送泵进行复核验算。

理论计算

混凝土在管道内流动的沿程阻力造成的压力损失 P_1：

$$P_1 = \frac{4}{d}\left[k_1 + k_2\left(1 + \frac{t_1}{t_2}\right)V\right]\alpha_2 \times 1 = 5.72\text{MPa} \tag{1}$$

式中　P_1——水平泵送管压力损失（MPa）；

　　　d——输送管直径（m）；

　　　k_1——黏性系数（Pa），

　　　　　$k_1 = (3.0 - 0.1S_1) \times 100$，

　　　　　S_1 为混凝土坍落度（cm）；

　　　k_2——速度系数（Pa/m/s），

　　　　　$k_2 = (4.0 - 0.1S_1) \times 100$；

　　t_1/t_2——分配阀切换时间与活塞推压混凝土时间之比；

　　　V——混凝土在输送管内的平均流速（m/s）；

　　　α_2——混凝土径向压力与轴向压力之比；

l——输送管长（m）。

混凝土经过弯管及锥管的局部压力损失 $P_2 = n \times \Delta p = 2.5\text{MPa}$　　　　　（2）

式中　n——弯管或锥管个数（个）；

　　　Δp——单个弯管或锥管压力损失（MPa），一般计为 0.1MPa。

混凝土在垂直高度方向因重力产生的压力 $P_3 = \rho g H = 11.46\text{MPa}$　　　　（3）

式中　ρ——混凝土密度（kg/m^3）；

　　　g——重力加速度（m/s^2）；

　　　H——泵送高度（m）。

泵送 150m 高时所需总压力 $P = P_1 + P_2 + P_3 = 5.72 + 2.5 + 11.46 = 19.68\text{MPa}$　（4）

经验计算

混凝土在管道内流动的沿程阻力造成的压力损 $P_1 = L \times P_1 = 580 \times 0.02 = 11.6\text{MPa}$

P_2、P_3 同理论计算，即 $P_2 = 2.5\text{MPa}$，$P_3 = 11.46\text{MPa}$；

泵送 150m 高时所需总压力 $P = P_1 + P_2 + P_3 = 11.6 + 2.5 + 11.46 = 25.56\text{MPa}$　（5）

理论压力计算出口压力为 19.68MPa，按经验计算主楼混凝土泵送出口压力为 25.56MPa。选择混凝土输送泵时，混凝土泵最大出口压力应比实际所需压力高 20% 左右，多出的压力储备用来应付混凝土变化引起的异常现象，避免堵管。超高层建筑的混凝土泵送要求更高，需足够的压力储备，因此，确定主楼混凝土最大出口压力为 32MPa，保证约 50% 的压力储备。

根据以上计算数据和模拟试验最终确定本工程选用的汽车输送泵有效工作压力为 25MPa。选取的混凝土泵送设备为两台中联生产的 26MPa 车载泵 HBT110.26.390RS，其中一套为备用，泵管选用内径为 125mm，壁厚为 12mm 的高压输送管，采用法兰接头形式；布管应根据混凝土的浇注方案设置并少用弯管和软管，尽可能缩短管线长度，管道应沿楼地面或墙面铺设，在混凝土地面或墙面上安装一系列支座，每根管道均由支座固定，同时为了减小管道内混凝土反压力，在泵的出口布置了一定长度的水平管及弯管，混凝土泵送管固定方式如图 5.1-5 所示。

(a)　　　　　　　　　　(b)　　　　　　　　　　(c)

图 5.1-5　混凝土泵送管固定方式

(a) 车载泵；(b) 水平弯管固定方式；(c) 竖管固定方式

四、混凝土浇筑

混凝土浇筑前需计算单根柱浇筑量，待所需混凝土运送到施工现场后方可浇筑，防止混凝土在运输过程中耽搁时间造成浇筑中断。微膨胀自密实混凝土到场后，需检测其工作性能，控制坍落度扩展度为 500～700mm，流动时间 8～10s，中边差≤30mm，说明混凝土工作性能优良。要依据施工现场合理选择混凝土搅拌车的停放位置，尽量减少泵管的铺设长度，以便于泵管的安装和拆卸，提升施工效率。在混凝土浇筑前用泵送砂浆润滑输送管道，降低混凝土的泵送阻力，待把该部分砂浆清除干净后再进行柱内混凝土的浇筑，防止影响混凝土的强度；同时在浇筑前，先对钢管柱内进行清理，将垃圾杂物清除，管内不得有杂物和积水，然后向钢管柱内浇筑 100～200mm 厚、同混凝土强度等级相同的水泥砂浆，防止混凝土在下落时骨料弹跳，泵管深入钢管柱内部的开口应朝下，确保混凝土在浇筑时不会冲击钢管柱内壁，造成结构损伤。在铺设泵管时，为提高混凝土泵送管架设的牢固度，提升混凝土的泵送效率以及保证施工人员的安全，要利用已经完成施工的钢筋桁架楼承板作为混凝土泵送管的铺设层，同时利用木跳板和 48.3mm×3.6mm 钢管架对泵管进行架设（图 5.1-6），形成水平泵管布设通道，以提高稳定性。

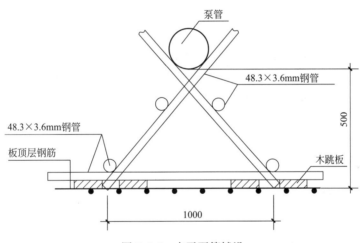

图 5.1-6　水平泵管铺设

在混凝土浇筑时，尽量做到一次性浇筑完成，若有间隙，间隙时间不能超过混凝土的初凝时间，若超过间歇时间需要设置水平施工缝；待混凝土从钢管柱侧壁溢流孔溢出时，即可停止泵送，将泵送管拔出并在距浇筑孔 2m 范围要采用振捣棒进行振捣，以确保钢柱中的混凝土浇筑密实，浇筑混凝土时如若浇筑高度超过洞口，要将多余混凝土及时取出，防止补焊封口板时与背后混凝土有缝隙，对主体产生安全隐患，浇筑完成时如图 5.1-7 所示。除最后一节钢管柱外，每段钢管柱的混凝土，只浇筑到离浇筑孔 500mm 处，防止在焊接浇筑孔封盖板时产生的高温对混凝土强度产生影响。待混凝土初凝后进行灌水养护，并封闭浇筑孔，防止施工垃圾进入钢管柱内。对于顶层钢管柱按照高抛免振的浇筑形式，利用吊斗配合塔式起重机进行混凝土浇筑，浇筑完成后宜用塑料薄膜封盖钢管口，待管内混凝土收缩后，用与混凝土强度相同的水泥砂浆抹平后，盖上端板并焊好。同时，按规范要求，在施工中按浇筑层数及混凝土总量进行试块留置，每层浇筑微膨胀自密实混凝土

100m³ 留置 1 组标准养护试块，且确保每层留置不少于 1 组试块。

图 5.1-7　混凝土浇筑完成

五、焊接封堵板

待混凝土强度达到要求时，采用原开孔板进行现场焊接封堵（图 5.1-8）。焊接前，要清除浇筑孔焊接面上的锈迹、混凝土等影响焊接质量的东西，同时对坡口进行打磨；焊接时，焊缝形式和等级均不低于柱身设计要求，同时应采取预热措施和层间温控措施，控制焊缝区母材温度，保证层间温度符合要求；焊接完后应对突出焊缝进行打磨，清除杂质确保外观清洁，同时对焊缝做超声波监测，确保焊缝质量合格，之后按照设计要求对开孔位置及周边进行补漆。

六、超声波检测及带缺陷模型承载力有限元模拟

1. 超声波检测

（1）超声波检测原理

超声波检测钢管混凝土的基本原理是在钢管外径的一端利用发射换能器产生高频振动，经钢管传向钢管外径另一端的接收能器。超声波在传播过程中遇到由各种缺陷时其能量就会在缺陷处衰减，造成超声波到达接收换能器的声时、幅值、频率的相对变化。根据这些相对变化，对钢管混凝土的质量进行分析判断。其检测标准如下：①声时短、声速在正常范围内、幅值大、频率高，表明钢管混凝土密实均匀，没有缺陷。②声时长、声速在异常范围内、幅值小、频率低，表明钢管混凝土中存在缺陷，而且缺陷的位置是在有效接收声场的中心轴线上，即收发换能器的连线上。③声时短、声速在异常范围内、幅值小、频率低，表明钢管混凝土中缺陷不在有效接收声场的中心轴线上，而在有效接收声场覆盖空间内，以至声线仍然通过有效接收声场的中心轴线，声时不会改变，然而有效声场空间里的缺陷使得声能衰减，导致幅值变小，频率下降；钢管混凝土中的缺陷虽然在有效接收声场的中心轴线上，但缺陷足够小；钢管混凝土本身并没有缺陷，但由于换能器与钢管外

图 5.1-8　孔洞封堵图

壁耦合不良，也会造成幅值变小、频率下降而声时变化很小的现象。这种现象是在检测过程中由人为因素造成的，它不能反映钢管混凝土的真实情况，必须杜绝。④正常的波形图应为波形、波幅等变化规律一致，无畸变。当测点的声速值和频率正常，而波形、振幅有异常时，应检查该点附近隔板与混凝土的结合面质量是否有问题。

（2）检测面布置

采用平面探头对测的方法进行钢管混凝土密实度检测，检测仪器主要有超声波检测仪、换能器、凡士林、盒尺、记号笔。检测面的布置应该沿钢管混凝土表面通长均匀布置，对于钢管内部设有隔板或加劲肋等容易导致混凝土产生不密实的地方应相应多的布置检测面。同时还应保证构件的被测部位应具有使用超声波垂直或斜穿结合面的测试条件。测试范围除应大于有怀疑区域外，还应与同条件正常混凝土进行对比，且对比点不少于 20 个。布置测点时应注意：①使测试范围覆盖全部结合面或通过敲击法判断密实度有问题部位；②各对换能器连线的倾斜角测距应相等；③测点的间距视构件尺寸和结合面外观质量情况而定，为保证超声波不沿着钢管壁传播，在实际检测中，要求换能器与柱边的距离一般不得小于矩形钢管截面对测边长的 20%。

（3）检测步骤

超声波检测采用首波声时法（声速）对柱进行检测，设置好仪器的发射电压，采样周期和换能器频率，零声时进行测定设置，用盒尺测量设定测距，用记号笔对检测点进行标记，参数设定后保持不变。将发射换能器（简称 T 换能器）和接收换能器（简称 R 换能器）分别耦合在测位中的对应测点上，开始采样，获得稳定正常信号后停止采样并用仪器记录声时、声速、波幅、频率和波形等，完成后进行下一点检测。对所有测点检测完后将采集的数据录入计算机，应用超声检测数据处理系统进行数据分析，剔除人为操作、外界机械振动影响、耦合不良等因素造成的异常数据，分析声速正常值和异常值，声时、波幅、频率和波形等情况，判别钢管混凝土内部缺陷程度。

为确保超声波检测的准确性，在超声波检测完毕后用锤击法再检测每个测试点，在敲击时采用相同的锤子，并保持敲击力度一致，记录敲击声音有异常的地方，与超声波检测结果进行对比。

在检测时每层选用的钢管混凝土柱的数目应不少于每层总数目的10％，全部检测完毕后对所有检测结果进行整合，结合施工浇筑前做的超声波检测试样试验中总结的缺陷特征与超声波检测结果中声时、声速和频率的关系，从而确定各带缺陷钢管混凝土柱中缺陷的具体特征，即缺陷的大小和位置。

（4）数值模拟

根据超声波检测结果确定的各带缺陷钢管混凝土中缺陷的实际特征及分布情况，建立相对应的钢管混凝土柱有限元模型，模拟其承载能力的大小，判断缺陷的存在是否会影响结构整体的稳定性。

在建立钢管混凝土有限元模型时，钢材选用的塑性分析本构关系模型的应力-应变曲线如图5.1-9所示，该模型在多轴应力状态下满足 Von. Mises 屈服准则，选择的是随动弹塑性强化模型，塑性流动法则也较为一致。该模型的应力应变曲线包括弹性阶段（oa），弹塑性阶段（ab），塑性阶段（bc），强化阶段（cd）和二次塑流阶段（de）等五个阶段，其中 f_p、f_y、f_u 分别表示钢材的比例极限、屈服极限和极限抗拉强度。其中，$\varepsilon_e = 0.8f_y/E_s$，$\varepsilon_{e1} = 1.5\varepsilon_e$，$\varepsilon_{e2} = 10\varepsilon_{e1}$，$\varepsilon_{e3} = 100\varepsilon_{e1}$，有限元软件的塑性模型是用材料的真实应力和真实应变来定义屈服强度和塑性应变，因此需要把钢材的名义应力和名义应变转变为对应的真实应力和真实应变。

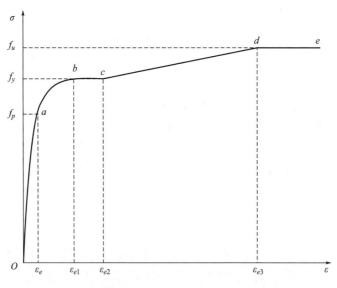

图 5.1-9　钢材应力应变曲线

选取混凝土损伤塑性模型，其假设材料的弹性行为是各向同性和线性的，而单轴拉伸和压缩损伤塑性部分的力学行为由损伤塑性描述。本书参考《混凝土结构设计规范》GB 50010—2010 附录 C 中的相关规定，对混凝土受压本构关系和受拉本构关系进行计算。

钢管的厚度尺寸相较于整体尺寸很小，其计算单元采用 S4R 壳单元来模拟，壳单元的厚度方向采用 9 个积分点的 Simpson 积分方法，核心混凝土采用 C3D8R 实体单元。在对模型进行网格划分时，要综合考虑计算机的运行能力，对结果要求的精细程度选取合适的网格密度。同时考虑到在分析接触时，刚度更大的钢管为主表面，核心混凝土为从属表面，从属表面的网格密度不能低于主表面。本书采用试算法来确定网格密度，模型建立后，先采用大的计算网格，然后不断精细网格布置，通过比较最终确定网格密度，网格划分情况如图 5.1-10 所示。

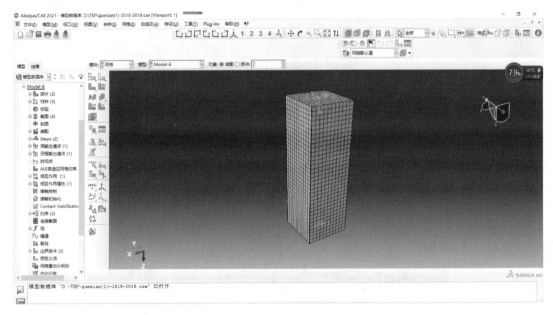

图 5.1-10　钢管混凝土有限元模型

所建钢管混凝土模型的相互作用采用表面与表面接触，定义接触属性时，法线方向采用"硬"接触，切线方向摩擦公式定义为"罚"，摩擦系数为 0.6。在钢管柱两端设置刚度很大的受力板以提高计算的收敛性，设置其与钢管混凝土为绑定连接。在下部受力板施加约束限制其各个方向的位移和转动，创建的约束条件如图 5.1-11 所示。力的加载方式为在上部刚性受力板上设置特征点，将特征点与上部耦合，对特征点进行位移加载，创建力的加载方式如图 5.1-12 所示。

对于核心区混凝土内缺陷的建立，依据超声波检测结果及实际统计的缺陷分布情况，在钢管混凝土模型中相应位置建立缺陷集，对于该区域的单元赋予较小的弹性模量来模拟实际缺陷情况。由于实际情况中无法判断缺陷的具体形状，在设置缺陷形状时统一设置为球形，球形坐标和半径大小依据超声波检测结果进行确定，创建缺陷集如图 5.1-13 所示。模型创建完成后，对其进行计算提取各自的承载力，并与不带缺陷的钢管混凝土柱模型的承载力进行比较，计算得到的应力云纹图如图 5.1-14 所示。

（5）钢管混凝土缺陷修补措施

基于上述超声波检测和数值模拟，可以得到钢管混凝土柱在浇筑完成后内部缺陷的基本特征以及各种类型缺陷对于承载力的影响，通过与不带缺陷钢管混凝土柱的承载力进行

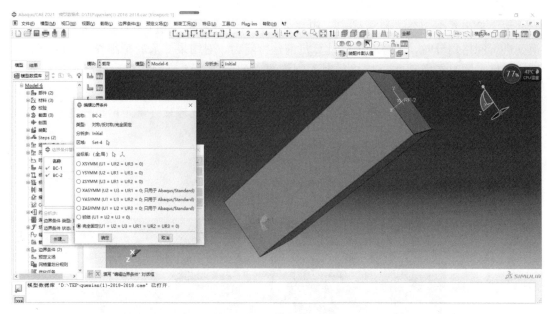

图 5.1-11　创建底部约束

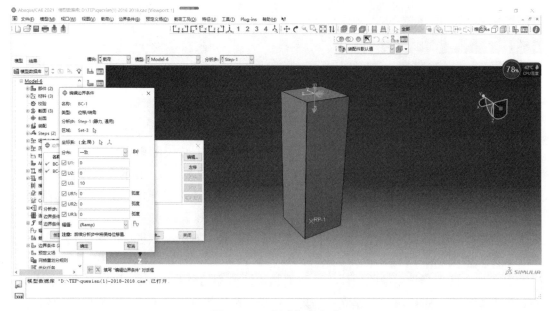

图 5.1-12　创建加载方式

比较，对于那些承载力有明显下降的结构要进行修补措施。本工法对于钢管混凝土内部缺陷的修补措施采用钻孔压浆的方式，压浆采用的浆体为与混凝土等强度的微膨胀水泥砂浆，采用压力灌注的方法使其进入钢管与混凝土之间的脱空空隙之中，使其充满空腔，使钢管和混凝土恢复良好的界面粘结。具体修补步骤如下：

采用敲击法、超声法等方法确定钢管混凝土发生脱空缺陷的部位。

在缺陷范围底端 0.1m 部位和顶端部位分别开孔，开孔后，如果底端孔没有发现缺

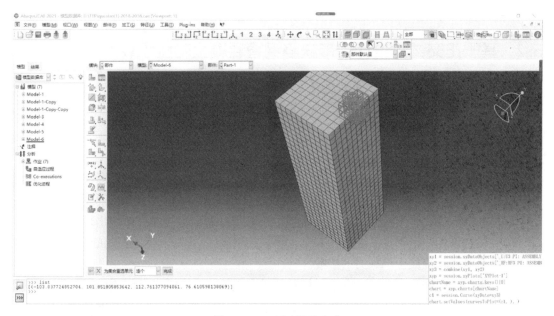

图 5.1-13　创建缺陷集合

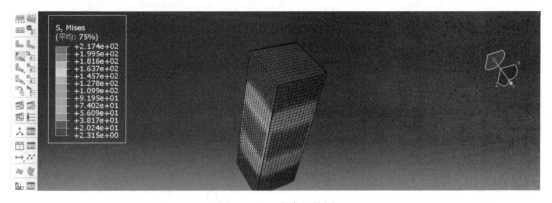

图 5.1-14　应力云纹图

陷，应继续沿水平方向向混凝土内部钻孔，如果仍未贯通缺陷，应考虑沿同一水平不同角
度或提高位置重新进行开孔；如果在顶端位置开孔后没有发现缺陷，应继续沿水平方向向
混凝土内部钻孔，如果仍未贯通缺陷，应考虑沿同一水平不同角度或降低位置重新进行开
孔。如果在顶端和底端都发现有缺陷，应向孔内吹起检查两个孔是否连通，若连通性不佳
应用空压机吹渣清理通道，若实在无法连通，应配合超声波检测考虑在上下两端开孔之间
继续开孔确定之间是否还有缺陷存在。

　　配制与混凝土等强度的微膨胀水泥砂浆并用专用设备进行压力灌浆，等待灌浆料终凝
后，分别在底端和顶端口绑扎水袋进行浸水养护。

　　压浆后利用超声波对密实度进行检查复测，直到确保密实为止。压浆后，压浆孔补焊
牢固，并打磨光滑。

　　修补完成后，再建立钢管混凝土有限元模型，对于修补过的部位赋予不同的材料属

性，计算其承载力并与带有缺陷没有进行修补的钢管混凝土柱承载力进行比较。

5.2 基于正交试验设计的带缺陷钢管混凝土轴压承载力分析

5.2.1 正交试验设计与模型建立

一、正交试验设计

钢管混凝土受施工质量、混凝土施工性能及混凝土的徐变特性等因素影响，核心混凝土内部不可避免地产生缺陷，对整个钢管混凝土的承载力影响较大。钢管混凝土内部缺陷分布有很大的随机性，不同尺寸、不同形状的缺陷在混凝土各处均有可能出现，对其影响的准确评估是设计、施工及后期运营安全性评估的基础，因而有必要通过正交试验定量分析不同因素对钢管混凝土承载力的影响。

在因素水平的确定中，一般选取对试验结果有直接、内在、必然影响的可控因素作为考察因素。对于缺陷因素的选择主要通过经验及相关文献确定；参考以往的文献，在设计缺陷类型时，主要考虑了缺陷大小和位置，其中缺陷大小范围为 $0 \sim 20\%$，缺陷位置设计有中心孔洞和边缘孔洞两种；刘开在设计缺陷类型时考虑了缺陷位置、形状和大小 3 个因素，其中缺陷位置包括角部、中央和脱空，缺陷形状包括等腰三角形、圆柱体、长方体和正方体，缺陷大小为 $3.7\% \sim 18.1\%$。综上所述，本书确定以混凝土缺陷率（缺陷区域体积在单构件混凝土体积中的占比），缺陷位置和形状来定义缺陷，从而研究各类缺陷对承载力的影响。该试验采用 4 个因素水平，其因素水平见表 5.2-1。根据设计的因素水平数，选用同位级正交表中的 L_{16} (4^5) 正交表，其中 L 表示正交符号，16 为试验次数，4 为因素的水平数，5 为正交表中的列数。利用正交表的均衡分散性和整齐可比性，进行 16 次有限元模拟就能全面考察 4 个位级的 3 个因素对结构承载力的影响。

<table>
<tr><td colspan="4" align="center">因素水平</td><td align="right">表 5.2-1</td></tr>
<tr><td rowspan="2">水平</td><td colspan="3" align="center">因素</td></tr>
<tr><td>缺陷率</td><td>缺陷形状</td><td>缺陷位置</td></tr>
<tr><td>1</td><td>0.30%</td><td>正方体</td><td>中心</td></tr>
<tr><td>2</td><td>0.75%</td><td>长方体</td><td>偏心 0.1m</td></tr>
<tr><td>3</td><td>1.30%</td><td>圆柱</td><td>边部脱空</td></tr>
<tr><td>4</td><td>3.0%</td><td>棱柱</td><td>角部脱空</td></tr>
</table>

二、建立有限元模型

1. 材料本构关系

钢材选用理想型弹塑性模型，钢管屈服准则采用 Von-Mises 屈服准则，其应力-应变关系曲线如图 5.2-1 所示，不计屈服强度上限和应变硬化的应力强化。OA 段为完全弹性阶段，AB 段为完全塑性阶段，OA 段斜率为钢材的弹性模量，A 点为屈服下限，B 点为应力强化起点。

核心混凝土采用 ABAQUS 中的混凝土塑性损伤模型，该模型可很好地模拟混凝土构件的塑性与非线性特性，其假定材料的弹性行为是各向同性和线性的，而单轴拉伸和压缩损伤塑性部分的力学行为由损伤塑性描述。核心混凝土应力-应变关系模型选取刘威提出的模型。

设计模型的基本参数为：方钢管边长为 400mm，壁厚为 6mm；混凝土抗压强度标准值为 73.1MPa，弹性模量为 3.7×10^4MPa，泊松比为 0.2；钢管屈服强度为 330MPa，弹性模量为 2.0×10^5MPa，泊松比为 0.3。端部受力刚性

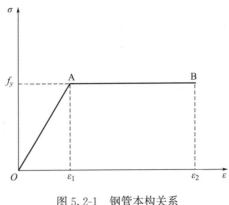

图 5.2-1　钢管本构关系

板的弹性模量取钢材的 100 倍，不考虑其非线性。依据《混凝土结构设计规范》GB 50010—2010 中相关公式和参数及相关文献计算核心混凝土塑性损伤模型参数：膨胀角为 40°，偏心率为 0.1，$f_{b0}/f_{c0}=1.16$，$K=0.667$，粘滞系数为 0.0005。

2. 单元选取

钢管的厚度尺寸相较于整体尺寸很小，其计算单元采用四节点减缩积分格式的壳单元来模拟，壳单元厚度方向采用 9 个积分点的 Simpson 积分方法，核心混凝土和两端受力板采用 8 节点减缩积分格式的三维实体单元。

3. 网格划分

网格划分的精细程度对最终结果的影响很大，同时考虑到在分析接触时，刚度更大的钢管为主表面，核心混凝土为从属表面，从属表面的网格密度不能低于主表面。为确保结果的网格稳定性，本书采用试算法确定网格密度，模型建立后，先采用较粗糙的网格进行模拟，然后不断精细网格布置，划分构件单元的网格尺度与对应计算得到的承载力关系如图 5.2-2 所示。由图 5.2-2 可知，当网格划分尺度较稀疏时，随着单元网格尺度的降低，

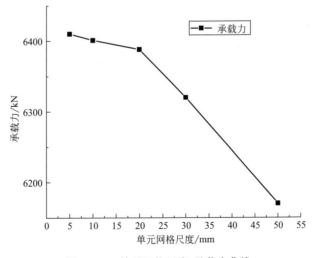

图 5.2-2　单元网格尺度-承载力曲线

承载力结果上升明显；当网格尺度达到一定程度时，承载力结果随网格尺度的增加变化不明显，通过考虑计算精度和计算机的计算效率，最终确定混凝土及钢管的网格近似全局尺寸为 20mm，网格划分如图 5.2-3 所示。

图 5.2-3　模型单元
网格划分

4. 界面接触

钢管混凝土模型的相互作用采用表面接触，定义接触属性时，法线方向的接触采用"硬"接触，切线方向摩擦公式定义为"罚"，摩擦系数为 0.6，当达到极限临界摩擦值时，界面间开始发生相对滑移，伴随剪应力传递停止。

5. 加载方式与边界条件

在钢管柱两端设置大刚度受力板以提高计算的收敛性，设置其与钢管混凝土为绑定连接。在下部受力板施加三向位移约束。加载方式为在上部刚性受力板上设置参考点，将参考点与上部钢板耦合，对特征点进行位移加载。

6. 创建缺陷

建立钢管混凝土有限元模型后，依据正交试验方案，在 ABAQUS 中通过对混凝土模型进行创建切削等操作，实现在混凝土模型不同位置创建不同大小、形状的缺陷，如图 5.2-4 所示。

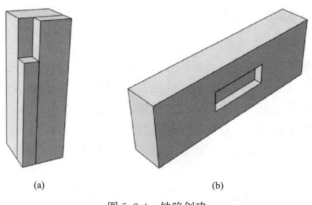

(a)　　　　　　　　　　　　(b)

图 5.2-4　缺陷创建
（a）角部缺陷；（b）中心缺陷

5.2.2　试验结果分析

依据正交试验方案和建立的有限元模型，进行 16 次有限元模拟计算，得到承载力计算结果见表 5.2-2，其中各因素水平含义如表 5.2-1 所示。

正交试验方案及结果　　　　　　　　　　　表 5.2-2

试验号	缺陷率	缺陷形状	缺陷位置	承载力/kN
1	1	1	1	6310.22
2	1	2	2	6341.55

试验号	缺陷率	缺陷形状	缺陷位置	承载力/kN
3	1	3	3	6325.23
4	1	4	4	6228.30
5	2	1	2	6087.21
6	2	2	1	6089.24
7	2	3	4	6330.80
8	2	4	3	6338.73
9	3	1	3	6148.79
10	3	2	4	6297.13
11	3	3	1	6191.67
12	3	4	2	6212.46
13	4	1	4	6107.03
14	4	2	3	6151.68
15	4	3	2	5886.67
16	4	4	1	5816.00

对表 5.2-2 中数据进行方差分析，求出各影响因素对应均方值和 F 值，结果如表 5.2-3 所示。由表 5.2-3 可知，只有缺陷率对应的 F 值大于临界值，其他 2 个因素的 F 值均小于临界值，说明缺陷率的作用更显著，即缺陷率对钢管混凝土的轴向承载力影响最大，其次是缺陷位置，影响最小的因素是缺陷形状。

承载力数值化分析

表 5. 2-3

来源	平方和	自由度	均方	F	临界值
缺陷率	210930.39	3	71310.13	4.97	4.76
缺陷形状	11391.37	3	3797.12	0.26	4.76
缺陷位置	63416.35	3	21138.78	1.47	4.76
误差	86064.14	6	14344.02	—	—
总和	371802.26	15	—	—	—

由于缺陷形状对结构承载力影响很小，下文只针对缺陷率和缺陷位置 2 个因素对结构承载力的影响进行分析。

一、缺陷率对模型轴压性能的影响

对不同缺陷率的含缺陷钢管混凝土柱模型进行有限元建模计算，缺陷截面均为正方形，缺陷位置均位于钢管混凝土的中心位置，通过改变内部缺陷体积的大小改变核心混凝土缺陷率的大小，模型信息见表 5.2-4。

不同缺陷率对应模型信息及承载力计算结果   表 5.2-4

编号	缺陷率	缺陷截面尺寸/m	缺陷高度/m	承载力/kN	折减系数 β
1	0	0	0	6388.4	1.000
2	0.2%	0.03×0.03	0.4	6351.1	0.994
3	0.4%	0.04×0.04	0.4	6302.3	0.987
4	0.6%	0.05×0.05	0.4	6257.9	0.980
5	0.8%	0.06×0.06	0.4	6247.5	0.978
6	1.0%	0.07×0.07	0.4	6213.5	0.973
7	2.0%	0.10×0.10	0.4	6113.3	0.957
8	3.0%	0.12×0.12	0.4	5913.4	0.926
9	4.0%	0.14×0.14	0.4	5789.3	0.906
10	5.0%	0.15×0.15	0.4	5716.7	0.895
11	6.0%	0.17×0.17	0.4	5569.1	0.872
12	7.0%	0.18×0.18	0.4	5498.7	0.861
13	8.0%	0.20×0.20	0.4	5226.7	0.818
14	9.0%	0.21×0.21	0.4	5199.2	0.814
15	10.0%	0.22×0.22	0.4	5073.6	0.794

定义不同构件承载力折减系数为：

$$\beta = N/N_0 \tag{6}$$

式中：N 为带缺陷钢管混凝土柱轴向承载力值（kN）；N_0 为无缺陷钢管混凝土柱轴向承载力值（kN）。β 值越小代表带缺陷钢管混凝土的承载力损失越多，通过整理上述计算结果得到各缺陷率对应下的钢管混凝土承载力-位移曲线，如图 5.2-5 所示为各缺陷率承载力-位移曲线。缺陷率-承载力折减系数关系曲线如图 5.2-6 所示。

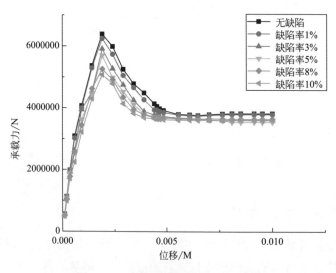

图 5.2-5 各缺陷率承载力-位移曲线

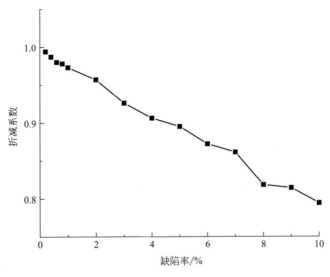

图 5.2-6　缺陷率-承载力折减系数关系曲线

由图 5.2-5 可知，当模型的缺陷率为 1％时，其承载力-位移曲线与不带缺陷的模型基本保持一致，且当缺陷率＜2％时，其损失的承载力＜5％，这表明当缺陷率较小时，钢管混凝土的承载力没有明显变化。当模型的缺陷率＞3％时，其承载力-位移曲线与无缺陷模型存在明显不同，曲线初始上升阶段与无缺陷模型的曲线出现分离不再吻合，曲线峰值下降明显，这表明随着缺陷率的增大，钢管混凝土承载力下降明显。由图 5.2-5 可知，当模型的缺陷率由 2％增大到 3％时，结构承载力的折减程度较之前明显增大，缺陷率大小在 3％～7％时，结构承载力折减趋势有所放缓，且折减程度较均等。当缺陷率增大为 8％时，其承载力下降幅度为 4.3％，承载力的下降幅度又明显增大，随后当缺陷率增大时，又趋于平稳。通过对计算结果的对比可发现结构承载力随着缺陷率的增大有明显的下降趋势，当缺陷率达到 2％和 7％后结构承载力有明显的下降，在计算结构承载力时，可将这两点作为控制点。

二、缺陷位置对构件承载力的影响

为研究缺陷不同位置对钢管混凝土承载力的影响，本节设置了 2 组不同缺陷率的缺陷钢管混凝土模型，缺陷率分别为 4％、7％；每组模型中包含 3 种缺陷位置，分别为中心、角部和边部位置，如图 5.2-7 所示，模型信息及承载力计算结果见表 5.2-5。

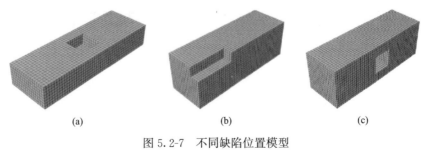

(a)　　　　　　　　　　(b)　　　　　　　　　　(c)

图 5.2-7　不同缺陷位置模型
（a）中心；（b）角部；（c）边部

不同缺陷位置模型信息及承载力计算结果 表 5.2-5

缺陷率	缺陷位置	轴向承载力/kN	折减系数 β
4%	中心	5789.3	0.906
	角部	6052.3	0.947
	边部	5788.4	0.906
7%	中心	5498.7	0.861
	角部	5747.3	0.900
	边部	5488.2	0.859

4%、7%缺陷率对应下的不同缺陷位置处结构承载力-位移曲线如图 5.2-8 和图 5.2-9 所示，2 种缺陷率对应下的缺陷位置-承载力折减系数关系曲线如图 5.2-10 所示，由于核心混凝土存在缺陷，不论缺陷位于什么位置，模型的承载力都低于不带缺陷模型的承载力。由图 5.2-8～图 5.2-10 可知，当缺陷位于核心混凝土中心位置和边部位置时，试件承

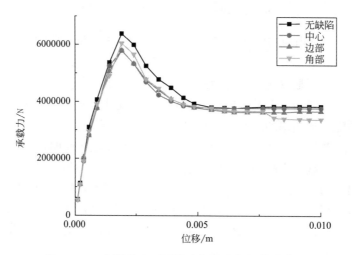

图 5.2-8 4%缺陷率不同缺陷位置承载力-位移曲线

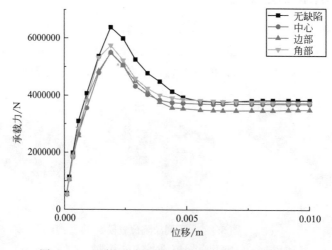

图 5.2-9 7%缺陷率不同缺陷位置承载力-位移曲线

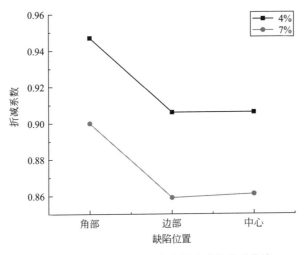

图 5.2-10 缺陷位置-承载力折减系数关系曲线

载力大致相同，均低于缺陷位于角部时缺陷的承载力。究其原因，当缺陷位于核心混凝土的中间位置而不是端部，且当核心混凝土缺陷率不是很大时，位于边部位置的缺陷不会因加载时混凝土受力不均匀引起偏压作用，从而引起承载力的下降。即当缺陷位于核心混凝土中间部位时，缺陷位置对试件的承载力影响不大。2组模型中，角部缺陷的存在对试件承载力的影响均低于另外2种位置对承载力的影响，但角部缺陷的荷载-位移曲线在顶点位置承载力呈快速下降的趋势，另外2种缺陷的承载力损失速度小于角部缺陷的承载力损失速度，表明带有中心、边部缺陷试件的延性要优于带角部缺陷的试件。

5.3 矩形钢管混凝土柱初始缺陷随机有限元分析

5.3.1 建立有限元模型

一、材料本构关系选择

本书所建模型中钢材的本构模型选用理想型弹塑性模型，采用 Von-Mises 屈服准则，其应力-应变关系曲线如图 5.3-1 所示。

本书核心混凝土本构模型采用混凝土损伤塑性模型，该模型可以很好地模拟混凝土构件的塑性与非线性特性，其假定材料的弹性行为是各向同性和线性的，而单轴拉伸和压缩损伤塑性部分的力学行为由损伤塑性描述。

设计模型的基本参数为：方钢管边长为 400mm，壁厚 6mm，长 1.2m；上、下受力刚性板边长为 440mm，厚 50mm。混凝土非缺陷集合单元和钢管的主要计算参数为：混凝土密度 2600kg/m³，弹性模量 3.7×10⁴MPa，泊松比 0.2；钢管屈服强度 330MPa，

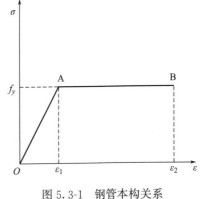

图 5.3-1 钢管本构关系

弹性模量 2.1×10^5 MPa，泊松比 0.3。缺陷区域的单元假定为正常弹性模量的 $1/20$，即为 1.5×10^3 MPa，端部受力刚性板的弹性模量取钢材的 100 倍，不考虑其非线性。依据《混凝土结构设计规范》GB 50010—2010 中相关公式和参数及相关文献计算核心混凝土塑性损伤模型参数，膨胀角为 $40°$，偏心率为 0.1，f_{b0}/f_{c0} 为 1.16，K（不变量应力比）为 0.667，粘滞系数为 0.0005。依照模型尺寸确定混凝土各顶点处的坐标值：$x_{bot} = -197$，$x_{up} = 197$，$y_{bot} = -197$，$y_{up} = 197$，$z_{bot} = 0$，$z_{up} = 1200$，各顶点坐标如图 5.3-2 所示。

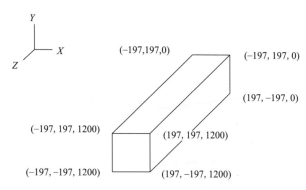

图 5.3-2　钢管混凝土柱核心区混凝土模型

二、单元选取

钢管的厚度尺寸相较于整体尺寸很小，其计算单元采用 4 结点减缩积分格式的壳单元来模拟，壳单元厚度方向采用 9 个积分点的 Simpson 积分方法，核心混凝土和两端受力板采用 8 结点减缩积分格式的三维实体单元。

三、网格划分

考虑到在分析接触时，刚度更大的钢管为主表面，核心混凝土为从属表面，从属表面的网格密度不能低于主表面。为确定结果的网格稳定性，采用试算法来确定网格密度，模型建立后，先采用较粗糙的网格进行模拟，然后不断精细网格布置，网格单元数-承载力曲线如图 5.3-3 所示。由图 5.3-3 可知，随着单元数量的增加，承载力先增加然后基本保持不变，通过比较最终确定网格密度，网格划分情况如图 5.3-4 所示。

四、界面接触

钢管混凝土模型的相互作用采用表面与表面接触，定义接触属性时，法线方向的接触采用"硬"接触，切线方向摩擦公式定义为"罚"，当达到极限临界摩擦值时，界面间开始发生相对滑移，伴随剪应力传递停止。

五、加载方式与边界条件

在钢管柱两端设置大刚度受力板以提高计算的收敛性，设置其与钢管混凝土为绑定连接。在下部受力板施加三向位移约束。加载方式为在上部刚性受力板上设置参考点，将参考点与上部钢板耦合，对特征点进行位移加载。

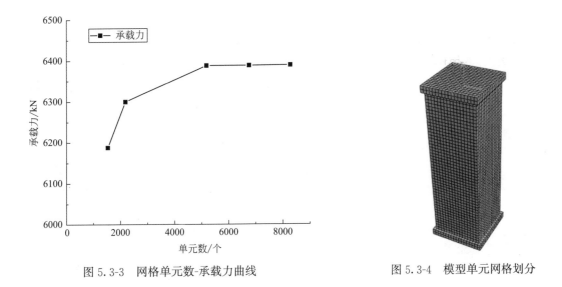

图 5.3-3　网格单元数-承载力曲线　　　　图 5.3-4　模型单元网格划分

5.3.2　随机有限元二次开发

基于 Python 构建随机缺陷

构建缺陷时，主要考虑缺陷的大小和位置，假定缺陷的形状为球形，因此主要构件参数有球体半径大小和圆心坐标。基于此，利用 Python 语言创建随机缺陷的步骤如图 5.3-5 所示。

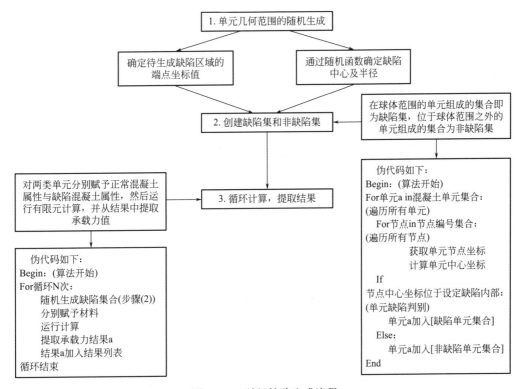

图 5.3-5　随机缺陷生成流程

基于此开发钢管混凝土有限元模型混凝土缺陷随机生成软件，操作界面及生成缺陷如图 5.3-6 所示。在此操作界面上可选择设置缺陷的形状，模拟次数，缺陷模式，混凝土模型在三维空间中 x，y，z 方向的上、下限，生成随机缺陷位置和形状的模式与参数。设置完成后，点击绘图可在绘图区生成随机缺陷模型，点击导出，可自动生成缺陷模型脚本文件。

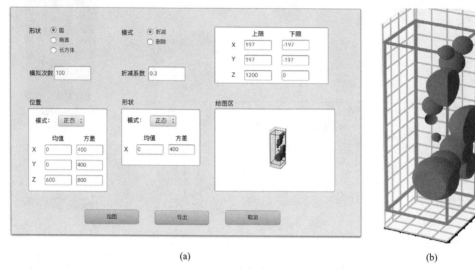

(a)　　　　　　　　　　　　　　　　　　(b)

图 5.3-6　随机缺陷生成软件界面及生成缺陷

(a) 操作界面；(b) 生成缺陷示意

5.3.3　计算结果分析

一、承载力结果统计分析

在 ABAQUS 中建立好钢管混凝土模型后，在缺陷生成软件中确定好缺陷的设计参数，然后自动生成 Python 脚本，在 ABAQUS 中运行脚本，进行随机有限元计算。鉴于最终计算得到的结果较多且篇幅有限，截取部分随机缺陷数据见表 5.3-1。

部分随机缺陷数据

表 5.3-1

缺陷球心坐标			缺陷半径 R/mm	轴向承载力/kN
x	y	z		
−159.28	−86.08	1095.76	47.61	2656.65
82.13	31.64	207.17	38.72	3095.37
92.61	−77.30	760.42	79.19	2568.23
−151.52	−113.89	864.63	37.34	2945.55
89.52	190.92	486.13	92.70	2770.94
−179.69	−154.61	628.85	71.86	2956.42
−100.73	−116.63	1162.07	61.41	3062.85

续表

缺陷球心坐标			缺陷半径 R/mm	轴向承载力/kN
x	y	z		
121.20	106.25	939.73	63.84	2711.27
−23.38	−152.44	1149.40	55.93	3032.93
−191.13	16.44	694.02	46.18	3051.95
−156.23	81.73	50.62	34.12	3067.45
175.14	−56.18	562.62	46.45	2953.58
80.85	196.35	945.51	31.67	3054.64
−60.49	−83.37	332.37	25.26	3060.59
121.13	−25.18	248.66	33.95	3020.85
−72.46	−23.22	439.19	22.01	3061.36
27.42	86.18	385.66	10.27	3061.36
−7.83	−170.38	751.48	32.78	3000.91
142.51	−148.98	412.73	26.71	2962.95
−45.92	145.66	117.21	11.51	2962.95

计算共分为 2 组，对应不同缺陷半径的均值和方差，第 1 组设置的均值为 60，方差为 40；第 2 组设置的均值为 30，方差为 10。2 组缺陷对应的钢管混凝土有限元模型承载力频率直方图及得到拟合的曲线如图 5.3-7 所示，承载力数值统计特征如表 5.3-2 所示。用 K-S 法对 2 组数据进行正态性检验，确定其分布是否满足正态分布，显著性水平为 0.05，检验结果为：①第 1 组其均值为 2817.85，标准差为 225.61，P（显著性）＝0.000181；②第 2 组其均值为 3008.15，标准差为 66.04，P＝0.000002；两组数据的显著性均＜0.05，不满足正态分布。

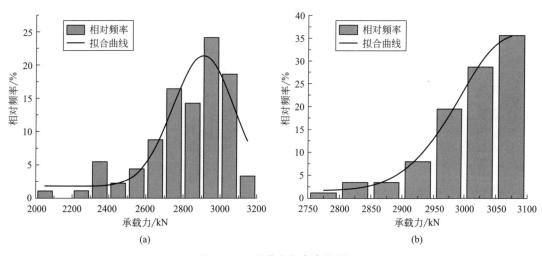

图 5.3-7 承载力频率直方图

（a）第二组数据；（b）第一组数据

承载力统计特征 表 5.3-2

组号	最大值/kN	最小值/kN	中位数/kN	均值/kN	标准差	众数/kN
1	3122.08	2036.55	2875.69	2817.85	225.61	2948.71
2	3082.16	2771.99	3031.98	3008.15	66.04	3067.45

由图 5.3-7 可知，曲线最高点均偏向 x 轴右边，位于右半部分曲线比正态分布曲线更陡，而左半部分曲线较平缓，其尾线比右半部分曲线更长，无限延伸到接近 x 轴；2 组数据均满足平均数＜中位数＜众数的关系，考虑 2 组数据满足偏态分布。计算得第 1 组数据的峰度为 0.92，偏度为 −1.07；第 2 组数据的峰度 1.52，偏度为 −1.33。对于呈现偏态分布的数据，可利用 Box-Cox 变化减弱其偏态状况，更接近于正态分布，用 x 表示原始数据，y 表示变化后得到的数据，计算公式如下：

$$y = \frac{x^{\lambda} - 1}{\lambda} \quad \lambda \neq 0$$
$$y = \ln(x) \quad \lambda = 0$$

(7)

式中 λ 为有待进一步确定的参数。

分别对这 2 组数据进行 Box-Cox 变换，通过 Minitab 软件先确定参数 λ 的估计值如图 5.3-8 所示。由图 5.3-8 可知，2 组数据中 λ 的最优值均＞5，在此基础上经过对比计算得到 2 组数据的最优 λ 值分别为 7.6，24；对应得到变换后的 2 组数据的显著性分别为 0.074，0.052，均＞0.05，即均服从正态分布。

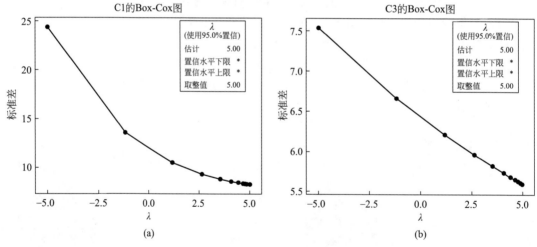

图 5.3-8　Box-Cox 变换中的参数 λ
（a）第 1 组数据；（b）第 2 组数据

二、缺陷率对轴压承载能力的影响

为研究缺陷率大小对结构承载能力的影响，应先控制缺陷的分布范围，本书主要通过缺陷的球心坐标来确定缺陷的位置分布。针对 2 组参数下随机生成的球心坐标划分的范围为：x 方向 −98.5～98.5mm，y 方向 −98.5～98.5mm，z 方向 500～700mm；即选取的缺陷分布范围大致位于核心混凝土中心区域，具体见表 5.3-3。

中心区域随机缺陷　　　　　　　　　　　　　　　　　表 5.3-3

缺陷球心坐标			缺陷半径 R/mm	轴向承载力/kN
x	y	z		
79.09	32.47	573.93	73.22	2680.61
−21.07	84.84	756.92	73.32	2651.99
92.61	−77.30	760.42	79.19	2568.23
−27.82	−72.58	560.80	104.72	2377.61
−17.82	−8.29	768.31	105.91	2428.26
67.69	5.76	710.86	119.99	2258.50
36.99	69.55	640.18	9.01	3080.86
−34.83	−88.20	645.42	20.63	3055.25
−94.34	6.32	598.92	26.39	3045.93
12.15	−12.66	630.42	32.57	3018.72
54.11	−24.60	590.06	36.72	2975.45
−79.47	32.08	543.76	40.13	2986.28
−41.15	81.71	592.68	41.32	2923.47

根据表 5.3-3 中的数据计算出各类缺陷的缺陷率及对应结构的承载力折减系数，其中折减系数定义为带缺陷结构轴向承载力与无缺陷结构轴向承载力的比值，经计算不带缺陷钢管混凝土模型的承载力值为 4781.07kN，得到缺陷率-折减系数折线如图 5.3-9 所示。

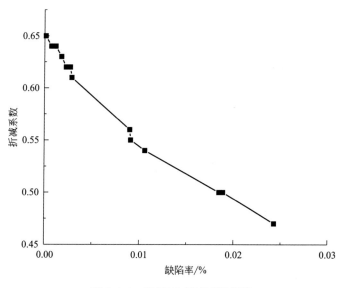

图 5.3-9　缺陷率-折减系数折线

由图 5.3-9 可知，随着缺陷率的增大，折减系数整体呈下降趋势，即构件轴向承载力随缺陷率的增大而减小。当缺陷率较小时，即在缺陷率≤0.005％的情况下，折线的斜率最大，平均斜率达到14.6，这表明在这一范围内结构的轴向承载力下降最快；当缺陷率为0.005%～0.01%时，折线的平均斜率为8.2，当缺陷率＞0.01%时，折线的平均斜率为5.1，这表明随缺陷率的增大，轴向承载力虽下降，但下降趋势逐渐变缓。即使缺陷率很小的情况下，其轴向承载力也减小近40%，核心区混凝土内部缺陷的存在对结构承载力的影响很大，不容忽视。

三、缺陷位置对轴压承载能力的影响

为研究缺陷位置对结构轴压承载能力的影响，先将结构内核心混凝土划分成不同区域，再选取1个缺陷率范围，该范围内的随机缺陷在各区域内均有分布，每个随机缺陷均对应有结构的轴向承载力，通过计算各区域轴向承载力的平均值并进行比较，从而找出缺陷位置对结构轴向承载力的影响。区域划分以缺陷球心坐标为依据，共有以下几部分：①区域a x 方向 $-100\sim100$，y 方向 $-100\sim100$，z 方向 $300\sim900$，即混凝土的中心区域；②区域b相较于区域a，z 轴数值不变，x，y 轴坐标位于区域a对应位置以外，即混凝土中间部分靠近两侧的区域；③区域c x 方向 $-100\sim100$，y 方向 $-100\sim100$，z 方向 $0\sim300$，$900\sim1200$，即混凝土两端靠近中间的区域；④区域d z 方向坐标与区域c一致，x，y 轴坐标位于区域c对应位置以外，即混凝土两端靠近两侧的位置。各区域对应部分具体信息见表5.3-4～表5.3-7。缺陷不同区域的结构承载力直方图如图5.3-10所示。

区域 a 随机缺陷　　　　　　　　　　　　　　　　　　　　表 5.3-4

缺陷球心坐标			缺陷半径 R/mm	轴向承载力/kN
x	y	z		
79.09	32.47	573.93	73.22	2680.61
31.07	−69.05	813.67	36.77	3042.70
−27.82	−72.58	560.80	104.72	2377.61
−27.82	−72.58	560.80	104.72	2651.99
−17.82	−8.29	768.31	105.91	2428.26
−76.43	87.71	822.93	81.57	2524.30
−21.41	63.23	515.16	47.08	2934.57

区域 b 随机缺陷　　　　　　　　　　　　　　　　　　　　表 5.3-5

缺陷球心坐标			缺陷半径 R/mm	轴向承载力/kN
x	y	z		
−151.52	−113.89	864.63	37.34	2945.55
−179.69	−154.61	628.85	71.86	2956.42
−191.13	16.44	694.02	46.18	3051.95
−137.95	−177.75	390.01	83.67	2824.87
−119.41	189.27	755.02	26.42	2941.98
−187.72	64.49	702.03	27.20	3017.43

续表

缺陷球心坐标			缺陷半径 R/mm	轴向承载力/kN
x	y	z		
−185.78	111.99	585.39	43.81	2940.30
−178.81	−102.96	520.69	38.27	2961.93
−185.73	117.95	305.24	90.75	2738.91
−168.16	−128.20	339.55	59.52	2812.42

区域 c 随机缺陷　　　　　　　　　　　　　　　　　　表 5.3-6

缺陷球心坐标			缺陷半径 R/mm	轴向承载力/kN
x	y	z		
82.13	31.64	207.17	38.72	3095.37
84.08	53.16	115.00	71.75	2946.55
−9.03	−33.56	19.89	88.74	3110.85
50.79	−7.19	261.70	82.87	2781.69
65.22	−99.81	172.56	40.74	3045.93
−38.11	34.15	1112.70	37.58	3122.08
−95.37	−30.91	1167.84	102.53	2855.07
48.03	27.93	1195.86	94.69	3101.29
−48.61	−47.77	976.83	63.56	2959.18
85.08	−63.96	978.25	52.56	2923.70

区域 d 随机缺陷　　　　　　　　　　　　　　　　　　表 5.3-7

缺陷球心坐标			缺陷半径 R/mm	轴向承载力/kN
x	y	z		
121.20	106.25	939.73	63.84	2711.27
−175.22	146.31	1174.18	46.35	3013.84
−115.58	132.31	1105.62	90.97	2679.75
45.79	146.90	979.46	73.81	2734.48
104.17	185.42	260.31	88.52	2716.63
154.31	180.23	283.05	44.07	2921.53
−73.25	125.28	202.05	50.59	2888.52
71.49	145.90	81.61	35.86	3066.61
2.89	153.87	48.12	78.62	2834.43
−42.38	157.91	176.75	60.46	2897.78

　　由图 5.3-10 可知，当缺陷位于区域 c 时，结构承载力普遍较大，其承载力＞3050kN 的频率可达 40%；当缺陷位于区域 a 时，结构承载力主要集中在 2400～2800kN，其频率可达 60%；当缺陷位于区域 b 时，结构承载力主要集中在 2900～2950kN，其频率为

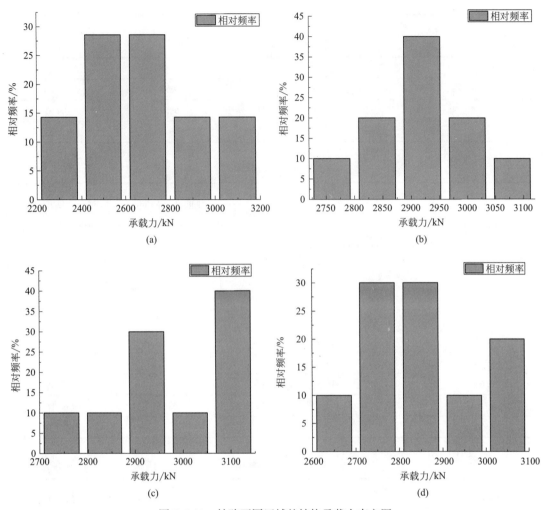

图 5.3-10　缺陷不同区域的结构承载力直方图

（a）区域 a；（b）区域 b；（c）区域 c；（d）区域 d

40％；当缺陷位于区域 d 时，结构承载力主要集中在 2700～2900kN，其频率为 60％。通过计算各区域对应轴向承载力的平均值如下：区域 a 为 2662.86kN，区域 b 为 2863.66kN，区域 c 为 3001.98kN，区域 d 为 2873.54kN，通过比较可得 c＞d＞b＞a。当缺陷位于结构两端靠近中间部位时，缺陷对结构轴向承载力的影响最小；当缺陷位于结构两端两侧位置和结构中间两侧位置时，即当缺陷位于边部位置时，无论其在结构两端还是结构中间位置，其对结构轴向承载力的影响基本相同；当缺陷位于结构的中心部位时，结构的轴向承载力平均值最低，对结构轴向承载力的影响最大。

5.4　本章小结

本章 5.1 节主要介绍了侧抛浇筑工艺，相比于高抛法和顶升法，侧抛免振法浇筑不影响上部钢管柱安装和楼层混凝土施工，可有效保障施工工期；同时可减小泵送设备和施工组织的压力，有效减少浇筑过程中紧急情况的发生。微膨胀自密实混凝土配合比设计、浇筑工艺流程设计可为类似工程的施工提供参考。

5.2 节本书结合数值模拟与正交试验设计，对带不同类型缺陷钢管混凝土短柱承载力进行有限元分析，对比各种情况下的承载力，得到以下结论：

（1）分析了缺陷率、缺陷位置和缺陷形状 3 个因素对钢管混凝土短柱轴压承载力的影响，其中缺陷率对承载力结果影响最大，缺陷形状对承载力的影响最小。

（2）对于缺陷率大小相同的情况，缺陷位于中心和边部位置的钢管混凝土短柱承载力小于缺陷位于角部位置的情况。

（3）带有中心位置缺陷和边部位置缺陷的钢管混凝土短柱轴压承载力基本相同。

（4）鉴于核心混凝土中缺陷大小对钢管混凝土构件承载力的影响最大，所以在实际工程中应主要控制缺陷的大小。在钢管混凝土柱完成混凝土浇筑后，借助超声波、红外检测等手段判断各构件内部核心混凝土缺陷的大小，再利用本书提出的方法对各构件中由缺陷引起的承载力损失进行评估，对于承载力损失较多的构件应采取措施来恢复其承载力。

5.3 节研究矩形钢管混凝土柱核心区混凝土内部随机几何缺陷对构件承载力的影响，基于 ABAQUS/Python 二次开发，建立带有内部随机缺陷的钢管混凝土柱有限元模型。通过多次循环计算生成大量带有不同几何缺陷类型的模型，分析不同模型计算得到的承载力数值，总结缺陷分布位置和大小对结构承载力的影响规律，研究结果表明：

（1）通过对大量承载力数值进行统计分析可发现，带缺陷钢管混凝土柱承载力数值维持在一定的范围内，且服从偏态分布。

（2）混凝土内部缺陷的存在对钢管混凝土柱轴向承载力的影响很大，在缺陷率很小的情况下，轴向承载力的折减就能达到40%以上；结构承载力随缺陷率的增大而降低，当缺陷率较小时，结构承载力下降很快，随着缺陷率的增大，结构承载力下降开始变缓。

（3）当缺陷位于核心混凝土中心部位时，对结构的承载力影响最大；位于核心混凝土两端靠近中间位置的缺陷对结构承载力影响最小，当缺陷位于核心混凝土边部位置时，对结构承载力的影响位于上述 2 种情况之间。

第6章 结论与展望

6.1 结论

本书依托西安绿地丝路全球文化中心项目，开展了对超高层建筑智能化快速施工技术的研究，包括有超高层智能化施工优化设计、信息化智能施工平台、超高层建筑快速施工工艺体系及保障措施和钢管混凝土快速施工及缺陷监测技术研究，主要成果如下：

（1）提出了两种新型免落地式钢筋桁架楼承板临时支撑形式，与传统支撑形式进行了比较，并利用 ABAQUS 有限元分析对这两种支撑形式进行了设计优化；介绍了后浇带水平传力构件的基本原理，根据不同混凝土龄期下的抗压强度和弹性模量，利用有限元模拟分析不同形式的传力构件在不同混凝土龄期下的传力效果，依据计算结果对传力构件进行优化。

（2）分析了倾斜摄影实景建模技术和 BIM 技术的技术关键、BIM 模型和三维实景模型分别与进度计划软件链接及其自身相互融合的方法，在此基础上设计了集可视化管理、模型库管理、进度管理、物料管理、质量管理、安全管理为一体的超高层信息化施工管理平台，实现了超高层进度监控、变形、监测、安全检查等现场管理的精准化、信息化、实时化与可视化，为超高层建筑工程施工管理的信息化发展提供了新的思路。提出的基于建筑信息模型的施工电梯管控平台，一方面可以对施工电梯运行情况进行实时监控，对施工电梯运行过程中出现的异常情况进行预警，降低施工电梯安全事故的发生概率。另一方面，本平台可以对施工电梯操作人员的操作行为以及施工电梯的运行参数进行记录，进而帮助管理者对现场施工人员进行针对性的培训，并在必要时作为事故调查依据。同时，平台终端可视化的施工电梯实时运行位置，提高了施工电梯的运行效率，及时满足现场人员的乘坐需求。

（3）综合性超高层智能信息化施工平台在西安绿地丝路全球文化中心项目上的成功应用，解决了超高层建筑施工中临时结构安全监控数据发散性强、数据更新不及时、信息管理数据交互性差等问题。针对大体积混凝土温度应力场预测精度问题，提出了采用现场实验结合数值反演的参数确定方法。针对内爬式塔式起重机基础钢梁下连梁加固展开探索，对核心筒及钢支撑进行简化分析并利用有限元软件 Midas Gen 建模，对连梁下钢支撑加固的支撑结构形式展开研究分析，并通过数值模拟来分析研究不同支撑结构形式对建筑结构的影响。

（4）为解决钢管混凝土配合比设计、钢管截面设计、质量保障措施等技术问题，介绍一种超高层钢管混凝土柱侧抛免振浇筑技术，利用超声波检测法验证其可靠性，并基于正交试验，利用有限元计算分析缺陷率、缺陷形状和缺陷位置对钢管混凝土轴压承载能力的影响。利用 ABAQUS 和 Python 实现了钢管混凝土内部缺陷的随机分布，得出了带缺陷钢管混凝土柱的承载力分布规律。

6.2 展望

本研究存在以下仍需进一步改进或研究的内容：

（1）提出的超高层智能化施工优化设计方法中仍需预设不同的施工参数，从而以结构变形或内力情况等为目标进行优化，尚未实现例如传力构件界面形式与尺寸的无限定优化。针对这一问题，后续工作中将结合群智能优化算法，实现无需预设施工参数的施工方案自动化、智能化优化设计方法。

（2）提出的信息化智能施工平台中仍未能够将 BIM 技术、数值模拟技术以及智能化同步监测技术进行有机结合。其中例如数值模拟预测部分仍需外部实现并导入系统，后续工作中将基于模块化数值模拟技术和无单元法数值分析实现施工云平台的更高度化整合。

参考文献

［1］Chen C S，Tsui Y K，Dzeng R J，et al. Application of project-based change management in construction：a case study. JOURNAL OF CIVIL ENGINEERING AND MANAGEMENT，2015，21（1）：107-118.

［2］Yu Z B，Peng H T，Zeng X Y，et al. Smarter construction site management using the latest information technology. PROCEEDINGS OF THE INSTITUTION OF CIVIL ENGINEERS-CIVIL ENGINEERING，2019，172（2）：89-95.

［3］Ratajczak J，Riedl M，Matt D T. BIM-based and AR Application Combined with Location-Based Management System for the Improvement of the Construction Performance. BUILDINGS，2019，9（5）.

［4］赵书良，王艳君，邱志宇 . 基于 PowerBuilder 的电力建设单位施工场地可视化管理信息系统的研究与实现［J］. 计算机应用研究，2003（08）：124-126.

［5］张建平，王洪钧 . 建筑施工 4D～（＋＋）模型与 4D 项目管理系统的研究［J］. 土木工程学报，2003（03）：70-78.

［6］陈中祥，罗宁辉，杨洁，等 . 基于 GIS 的工程项目进度管理系统设计［J］. 武汉理工大学学报，2003（07）：81-83.

［7］陈远，曾力 . 基于移动计算技术的建筑信息管理模型［J］. 郑州大学学报（工学版），2010，31（03）：106-109.

［8］李鑫生，郑七振，吴露方，等 . 基于建筑信息模型和 Unity WebGL 的施工信息智能化监测系统关键技术的研究［J］. 工业建筑，2022，52（02）：186-195.

［9］郑顺义，魏海涛，赵丽科，等 . 基于建筑信息模型的房建施工木模板计算及管理方法［J］. 浙江大学学报（工学版），2017，51（01）：17-26.

［10］张志得，冷自洋，苏亚辉 . 建筑施工智能化监测预警管理系统的设计与实现［J］. 制造业自动化，2021，43（02）：88-91.

［11］颜斌，何晓东，王兴华，等 . 物联网技术在恒富大厦南塔施工中的应用［J］. 施工技术，2015，44（S2）：726-728.

［12］刘毓氚，陈福全，刘德林，等 . 倾斜建筑物纠偏加固计算机智能施工控制系统初探［J］. 土木工程学报，2002（03）：99-103.

［13］刘占省，刘子圣，孙佳佳，等 . 基于数字孪生的智能建造方法及模型试验［J］. 建筑结构学报，2021，42（06）：26-36.

［14］郭红领，潘在怡 . BIM 辅助施工管理的模式及流程［J］. 清华大学学报（自然科学版），2017，57（10）：1076-1082.

［15］杨红岩，苏亚武，刘鹏，等 . 信息化在天津周大福金融中心项目施工管理中的应用［J］. 施工技术，2017，46（23）：4-6.

［16］姚习红，陈浩，加松，等 . 三维激光扫描建筑信息建模技术在超高层钢结构变形监测中的应用［J］. 工业建筑，2019，49（02）：189-193.

［17］刘洋，廖东军，王朝刚，等 . 无人机近景摄影支持下的古建筑三维建模［J］. 测绘通报，2020（11）：112-115.

［18］马茜芮，黄振华．无人机倾斜摄影测量技术在地籍调查中的应用［J］．测绘通报，2020（S1）：118-121.

［19］刘乾飞，龙晓敏，邓忠坚，等．无人机遥感技术在国家森林公园可视化场景快速构建中的应用［J］．林业资源管理，2019（02）：116-122.

［20］罗作球，张新胜，陈良，等．C60超高层泵送混凝土双掺配制关键技术研究［J］．混凝土，2012（04）：86-88.

［21］张希博，汪晓阳，张少恒，等．超高层钢结构中桁架层下连次柱施工技术［J］．工业建筑，2015，45（01）：148-151.

［22］姜向红，丁义平，张庆福．复杂环境中高层建筑双向同步施工设计研究［J］．地下空间与工程学报，2011，7（05）：919-925.

［23］夏群．超高层建筑中钻孔灌注桩后注浆技术分析及其应用［J］．工程勘察，2012，40（11）：37-43.

［24］万怡秀，严开涛，吴昭华，等．超高层建筑地下工程逆作法方案优选［J］．建筑结构，2013，43（11）：1-6.

［25］崔家春．超高层建筑施工内爬外挂式塔吊附着节点力学性能分析方法研究［J］．建筑结构，2017，47（12）：17-22.

［26］赏莹莹，沈奕，王丽佳．长江传媒大厦屋顶钢结构高空滑移施工技术研究［J］．建筑钢结构进展，2018，20（03）：110-116.

［27］李书进，钱红萍，厉见芬，等．高抛免振捣混凝土研究及其工程应用［J］．混凝土，2014（09）：91-93.

［28］王勇，林财荣，郭际明，等．BDS＋GPS技术支持下的超高层建筑施工投点监测分析［J］．测绘通报，2017（06）：5-8.

［29］蔡萍，许斌，周宇．基于外贴压电材料的钢管混凝土界面缺陷检测［J］．压电与声光，2015，37（02）：337-341.

［30］左自波，潘曦，黄玉林，等．超高层ICCP安全监测与控制的预警指标研究［J］．中国安全科学学报，2020，30（01）：53-60.

［31］杨伯钢，张译，谢燕峰，等．超高层建筑精密施工测量关键技术［J］．测绘通报，2022（09）：134-140.

［32］范峰，王化杰，金晓飞，等．超高层施工监测系统的研发与应用［J］．建筑结构学报，2011，32（07）：50-59.

［33］黄玉林，张龙龙，左自波，等．基于实时监测的整体钢平台模架控制技术［J］．空间结构，2021，27（02）：83-89.

［34］刘星，顾国明，夏巨伟．激光测斜技术在某超高层建筑施工中的应用［J］．空间结构，2020，26（02）：85-92.

［35］张倩，刘晓敏，徐皓，等．超高层全逆作法施工关键技术与基坑监测［J］．建筑结构，2022，52（S2）：2771-2776.

［36］秦天保，韩文涛，郭学卫，等．智能监测技术在超高层塔冠结构施工中的应用［J］．施工技术（中英文），2022，51（17）：104-107.

［37］刘占省，袁超，王宇波，等．基于BIM的考虑多源信息的超高层建筑结构智能监测方法［J］．北京工业大学学报，2021，47（04）：357-364.

［38］朱宏平，高珂，翁顺，等．超高层建筑施工期温度效应监测与分析［J］．土木工程学报，2020，53（11）：1-8.

［39］娄俊萍，王天应．超高层建筑施工监测信息平台构建［J］．工程勘察，2018，46（05）：39-42.

［40］兰泽英，刘洋．超高层建筑施工监测内容及技术体系研究［J］．测绘工程，2016，25（07）：40-45.

[41] 段向胜，周锡元，常银昌，等．天津津塔施工时变过程应力监测及数值分析［J］．建筑结构，2011，41（06）：114-117.

[42] 段向胜，周锡元，李志伟．天津津塔钢板剪力墙焊接应力监测与数值模拟［J］．建筑结构，2011，41（06）：118-125.

[43] 白雪，马海彬，姚传勤，等．超高层建筑顶升模板体系设计及模态分析［J］．工业建筑，2013，43（05）：14-17.

[44] 孙学水，陈凡，刘坚，等．超高层悬挂钢结构临时支撑卸载分析［J］．建筑钢结构进展，2016，18（03）：63-68.

[45] 李秋胜，汪辉．深圳平安金融中心施工模拟研究［J］．湖南大学学报（自然科学版），2016，43（05）：97-105.

[46] 薛建阳，席宇，张风亮，等．超限高层施工过程结构竖向变形规律研究［J］．建筑结构，2017，47（05）：98-103.

[47] 杨慧杰，陈志华，周婷，等．天津泰安道五号院施工监测与数值模拟分析［J］．工业建筑，2017，47（06）：119-124.

[48] 张风亮，席宇，朱武卫，等．超限高层施工过程模拟及竖向构件预找平分析处理［J］．建筑结构，2018，48（01）：26-31.

[49] 田娥，李毅．大型钢平台数字化模拟分析［J］．现代制造工程，2018（11）：34-37.

[50] 胡力绳，魏沐杨，彭明辉，等．考虑地基刚度的某超高层结构施工仿真分析［J］．建筑结构，2018，48（17）：60-66.

[51] 吴玖荣，吴立友，梁强武．竖向布置沿高度内缩的某超高层建筑施工模拟分析［J］．建筑结构，2020，50（05）：71-76.

[52] 曾凡奎，刘新钊，潘壮，等．超高层建筑的顶升模架结构施工模拟与监测［J］．工业建筑，2021，51（11）：127-131.

[53] 陈伟光，汪鼎华，仲继寿，等．落地式空中造楼机钢结构平台系统的研究与开发［J］．建筑科学，2022，38（03）：174-179.

[54] 龚剑，房霆宸，冯宇．建筑施工关键风险要素数字化监控技术研究［J］．华中科技大学学报（自然科学版），2022，50（08）：50-55.

[55] 房有亮，宋上明，尚海松，等．建设工程数字化项目管控平台研究［J］．现代隧道技术，2021，58（01）：92-98.

[56] 尹欣，刘子圣，杨森，等．基于BIM技术的钢结构施工智能管控平台建立及应用［J］．建筑技术，2023，54（02）：148-152.

[57] 次晓乐，朱厚宏，朱佳迪．基于绿色施工管控平台的绿色施工信息化模型研究［J］．土木建筑工程信息技术，2020，12（06）：141-148.

[58] 张建基，陈景辉．施工综合监控平台施工技术［J］．施工技术，2021，50（12）：39-42.

[59] 毛超，彭窑胭．智能建造的理论框架与核心逻辑构建［J］．工程管理学报，2020，34（05）：1-6.

[60] 胡平．工业互联网在建筑施工企业安全生产中的应用［J］．建筑安全，2021，36（05）：56-58.

[61] 耿涛，王莉洁．基于BIM的建筑工程施工管理［J］．建筑结构，2022，52（12）：156.

[62] 梁春燕．施工工地中智慧化信息技术应用分析［J］．居舍，2022（09）：100-102.

[63] 倪祥祥，秦拥军，朱丽玲，等．基于BIM的智能化施工管理系统研究［J］．城市住宅，2020，27（10）：216-218.

[64] 马洪伟．房建施工项目中塔式起重机施工管控［J］．工程机械与维修，2022，306（05）：162-164.

[65] 傅育．试述土木建筑工程施工管控及高层住宅施工［J］．四川水泥，2020，290（10）：125-126.

[66] 闫加林．建筑智能化工程项目施工问题及管控措施研究［J］．智能城市，2020，6（02）：97-98.

[67] 朱芳 . 建筑工程施工现场管控的重要性及措施 [J]. 建筑与预算，2022，319（11）：64-66.

[68] 张鑫 . 建筑施工安全管理影响因素分析及智能化管控研究 [D]. 杭州：浙江大学，2021.

[69] 宋郁葱，徐杰 . 钢筋桁架楼承板临时支撑加固方法研究 [J]. 城市建设理论研究（电子版），2023，No. 433（07）：77-79.

[70] 车建萍 . 钢筋桁架楼承板优化设计研究 [D]. 合肥：合肥工业大学，2014.

[71] 李文斌，杨强跃，钱磊 . 钢筋桁架楼承板在钢结构建筑中的应用 [J]. 施工技术，2006，35（12）：105-107.

[72] 吴智，何昌杰，吕基平，等 . 简支转连续超高大跨非标钢筋桁架楼承板施工技术 [J]. 施工技术，2021，50（2）：1-4.

[73] 李智斌，孙彤彤，叶浩 . 可拆卸钢筋桁架楼承板在改造工程中的应用 [J]. 施工技术，2020，49（21）：18-19，23.

[74] 陈永娥，高铃钧，甘骑荣，等 . 可拆底模钢筋桁架楼承板施工技术 [J]. 四川建筑，2020，40（5）：326-328.

[75] 王林军，姜太荣，张翼虎，等 . 改进的钢筋桁架楼承板施工阶段性能研究 [J]. 江苏建材，2017（06）：41-44.

[76] 王鑫，赖允瑾 . 型钢后浇带结构模型试验及数值分析 [J]. 施工技术，2018，47（9）：25-30.

[77] 井轮 . 浅析建筑施工中后浇带施工技术 [J]. 施工技术，2017，46（S2）：591-592.

[78] 鲁宇平，唐忠靖，姚杰，等 . 跨越大沉降差后浇带钢屋架施工关键技术 [J]. 施工技术，2017，46（S2）：415-418.

[79] 唐长领 . 型钢转换梁跨沉降后浇带施工技术 [J]. 施工技术，2016，45（6）：83-86.

[80] 苏海明，张玉星，冯力强，等 . 高层大底盘多塔楼后浇带超前止水施工技术数值模拟分析 [J]. 施工技术，2014，43（16）：108-110，117.

[81] 余钰，柴为民，习朝位 . 超长隔震结构后浇带设置方式分析 [J]. 建筑结构，2021，51（S1）：955-958.

[82] 郭高贵，许朴，林奔 . 倒 T 形混凝土结构后浇带设置最优间距探讨 [J]. 科学技术与工程，2020，20（10）：4107-4111.

[83] 李国胜 . 后浇带设置问题的深入探讨 [J]. 建筑结构，2019，49（3）：38-45，37.

[84] 方涛，方光秀，郭旺，等 . 超长结构后浇带深化设计与加强技术措施 [J]. 施工技术，2017，46（09）：20-23，66.

[85] 窦远明，沙秦南 . 考虑共同作用下主裙楼建筑后浇带力学性能和封闭时机研究 [J]. 建筑技术，2017，48（2）：211-214.

[86] 赵楠，聂其林，刘龙飞，等 . 高层建筑停止降水与沉降后浇带封闭时间探讨 [J]. 建筑结构，2013，43（S1）：257-259.

[87] 邸道怀，朱红波，杨斌 . 沉降后浇带封闭时间初探及工程实例 [J]. 建筑科学，2012，28（S1）：295-297，307.

[88] 夏丹 . 地铁结构变形监测中自动变形监测系统的应用探讨 [J]. 建筑技术开发，2021，48（04）：9-10.

[89] 袁兵，曾如财，易丽蓉，等 . 智能监测系统在历史文化建筑结构安全监测中的应用 [J]. 重庆建筑，2020，19（12）：5-7.

[90] 倪晓东 . 智能建筑室内无线传感器网络部署与优化研究 [J]. 铁道建筑技术，2021（11）：34-37.

[91] 张逆进 . 多旋翼单镜头无人飞行器倾斜摄影测量技术在施工中的应用 [J]. 铁道建筑技术，2018（02）：107-111.

[92] 尹鹏飞，王双亭，王友，等 . 浅论摄影测量的发展现状与趋势 [J]. 影像技术，2014，26（05）：

55-56.

[93] 武晴晴．无人机倾斜摄影测量技术在工业 BIM 设计中的应用 [J]．石河子科技，2023（02）：64-65.

[94] 王仕林．无人机倾斜摄影测量技术在道路工程测量中的重要性及应用要点 [J]．科技创新与应用，2023，13（09）：181-184.

[95] 贾彦昌，杨辉．无人机倾斜摄影测量技术在城市轨道交通中的应用 [J]．科学技术创新，2023（05）：208-211.

[96] 郝祥侠，王新鹏．倾斜摄影测量技术在房地一体中的应用 [J]．水利技术监督，2023（01）：53-55＋156.

[97] 陶仲望．基于多视图像的室内三维场景建模研究 [D]．南京：南京师范大学，2016.

[98] 徐卫星，周悦．BIM＋GIS 技术在高校校园地下管网信息管理中的应用研究 [J]．施工技术，2017，46（06）：53-55.

[99] 欧蔓丽，曹伟军．建筑业智慧工地管理云平台的研究及应用 [J]．企业科技与发展，2017（08）：50-52.

[100] 林良帆．BIM 数据存储与集成管理研究 [D]．上海：上海交通大学，2013.

[101] 施平望．城市轨道交通 BIM 数据资源共享服务平台 [J]．现代城市轨道交通，2023（03）：96-100.

[102] 杨建文，王喜利．三维空间数据采集与 BIM 模型相结合的应用 [J]．科技展望，2015，25（27）：166.

[103] 罗瑶，莫文波，颜紫科．倾斜摄影测量与 BIM 三维建模集成技术的研究与应用 [J]．测绘地理信息，2020，45（04）：40-45.

[104] 刘佳兴，蔡文浩，孙佳佛，胡云．施工电梯基础设计优化创新探究 [J]．建筑技术开发，2022，49（23）：132-134.

[105] 王小斌．超高层建筑施工电梯的布置及管理技术 [J]．中国建筑装饰装修，2022（04）：186-187.

[106] 庞敬东．施工电梯安全运行管理措施探讨 [J]．建筑机械，2021（06）：87-88.

[107] 严雪．基于 4G 网络技术的移动旅游电子商务平台探究 [J]．电子测试，2013（07）：51-52.

[108] 崔心惠．基于 4G 网络的污水处理远程监控系统研究与应用 [D]．马鞍山：安徽工业大学，2018.

[109] 王超．基于 BIM 的监测信息 IFC 表达与集成方法研究 [D]．哈尔滨：哈尔滨工业大学，2015.

[110] 高建新，姜谙男，张勇，申发义，吴洪涛，段龙梅 [J]．基于 IFC 标准和参数化的隧道监测信息模型研究．土木建筑工程信息技术，2019，11（05）：1-6.

[111] 陈烈．超高层建筑 BIM 运营管理平台研究与应用 [J]．中国建设信息化，2020（08）：72-73.

[112] 孙加齐．超高层项目全生命期 BIM 应用与研究 [D]．西安：西安建筑科技大学，2019.

[113] 徐燕．蜀峰 468 超高层项目 BIM 技术应用实践 [J]．智能建筑电气技术，2019，13（03）：51-54.

[114] 史阳，吴超洋，徐争光．数字信息化背景下超高层建筑绿色施工和智慧建造应用探索 [J]．建筑施工，2021，43（06）：1127-1130.

[115] 付凯明．基于 BIM 的施工过程中成本管控与应用 [D]．沈阳：沈阳建筑大学，2019.

[116] 李福献．大断面公路隧道开挖数值模拟与监测研究 [J]．铁道建筑技术，2021（02）：107-110，150.

[117] 叶琳远．超高层建筑结构健康监测系统技术应用——以深圳某项目为例 [D]．广州：华南理工大学，2018.

[118] 汪俊桥．BIM 技术在房建项目施工阶段的应用 [J]．城市住宅，2020，27（07）：253，256.

[119] 李胜杰，马名东．智慧建筑运维管理平台初探 [J]．智能建筑电气技术，2021，15（3）：16-19.

[120] 丁胜军．工程项目质量控制研 [J]．财经问题研究，2014（S2）：125-128.

[121] 陈健．液压爬模技术在超高双肢变截面空心墩施工中的应用 [J]．交通世界，2020（14）：107-109．

[122] 谭俊楠，陈浪，贾鑫．液压爬模技术在超高层建筑施工中的应用 [J]．工程建设与设计，2018（12）：157-158．

[123] 刘文航，郝鹏远，孟德才．钢框架-钢筋混凝土筒体液压爬模技术控制要点 [J]．建筑技术，2014，45（12）：1083-1085．

[124] 赖世才．超高层核心筒液压爬模技术应用 [J]．中国新技术新产品，2014（06）：37-38．

[125] 楼永良，蒋金生，蒋超民．液压爬模技术在郑州绿地广场工程中的应用 [J]．施工技术，2010，39（07）：114-117．

[126] 王刚，司法强，黄沛林，陈华，潘钧俊，余少乐．钢管混凝土柱顶升与高抛相结合的混凝土浇筑施工技术 [J]．建筑施工，2021，43（05）：816-818＋822．

[127] 孙金坤，李晓明，周建平，赵珍祥，曾余清．大直径钢管混凝土柱顶升法浇筑工艺研究与应用 [J]．施工技术，2018，47（19）：124-127．

[128] 徐小洋，白贺昶，廖博帆，张龙，祝志东，苏权．超高层钢管混凝土浇筑方式之比较研究 [J]．工程质量，2018，36（01）：15-19．

[129] 潘丽娟．高层建筑钢管混凝土柱浇筑及养护方法研究 [J]．河南建材，2019（02）：215-216．

[130] 姜继果，薛晓宏，杨磊，姜子麒，古刚．超高层钢管混凝土柱侧抛免振浇筑技术 [J]．施工技术（中英文），2021，50（22）：10-14＋40．

[131] 谭瑶．钢管混凝土柱侧壁开孔浇筑的应用//中国岩石力学与工程学会锚固与注浆分会，广东省岩土力学与工程学会锚固与注浆专业委员会．2017年全国锚固与注浆技术学术研讨会论文集 [D]．施工技术杂志社，2017：219-223．

[132] 曹建中．超高层体系核心筒结构领先外框结构的施工技术分析 [J]．建筑施工，2021，43（12）：2468-2470．

[133] 王宁，孙清杨，张绚．超高层核心筒结构模板体系施工技术 [J]．施工技术，2015，44（07）：11-13＋16．

[134] 薛庆，刘东，张元植，李栋，雷富匀．超高层建筑核心筒结构"U"法施工模架体系关键技术 [J]．施工技术，2019，48（08）：19-21＋30．

[135] 韦斌，孔德辅．超厚筏板钢筋支撑架加固与温度控制施工技术 [J]．工程质量，2022，40（10）：31-34．

[136] 陈飞，汪能亮，袁登峰，王天乙．型钢支撑架体系在超厚筏板钢筋工程中的应用 [J]．浙江建筑，2022，39（04）：43-46．

[137] 杨胜坡．超高层筏板钢筋采用型钢支撑施工技术探究 [J]．中华建设，2019（07）：134-135．

[138] 宋庆飞，李朋．超厚筏板中上层钢筋型钢支撑施工技术 [J]．科技创业家，2013（09）：7．

[139] 杨医博，曾威振，李颜君，陈峭卉，郭文瑛，詹建潮，陈应钦，王恒昌．全再生细骨料免蒸压陶粒轻质混凝土隔墙板研究 [J]．硅酸盐通报，2020，39（08）：2641-2649．

[140] 旷水林，陈元均，黄志峰．蒸压陶粒混凝土墙板的施工技术探讨 [J]．住宅与房地产，2017（26）：113．

[141] 李东勇．铝合金模板在高层住宅工程中的技术应用 [J]．混凝土世界，2023（04）：75-81．

[142] 陈鑫，刘浩源，王亚州，王鹏，代俊．铝合金模板在高层装配式建筑中的应用研究 [J]．陶瓷，2023（02）：146-148．

[143] 杨军，高正林．新型铝合金模板施工特点及关键技术应用研究 [J]．城市建筑，2022（S1）：76-78．

[144] 林文修．混凝土结构加固方法与实施要点 [M]．北京：中国建筑工业出版社，2008．

[145] 杨峰斌，晋娟茹，陈雪君．混凝土结构加固设计方法优选 [J]．施工技术，2016，45（21）：22-24.

[146] 田飞．钢筋混凝土结构改造施工中加固方法优选研究 [D]．西安：西安建筑科技大学，2015.

[147] Midas 分析与设计原理手册 [M]．北京迈达斯技术有限公司，2009.

[148] 费振坤，沈万玉，陈东．基于 Midas 的钢结构电梯井道变形与强度分析 [J]．新乡学院学报，2021，38（03）：68-71.

[149] 刘华，石荣金．Midas Gen 在钢结构施工中的应用//天津大学．第十三届全国现代结构工程学术研讨会论文集 [D]．工业建筑杂志社，2013：1128-1132.

[150] 张富强，任鹏，徐文秀等．MIDAS/GEN 有限元分析软件在沈阳桃仙国际机场 T3 航站楼钢结构工程中的模拟分析应用 [D]．清华大学，东南大学，中国建筑设计研究院，中国建筑工程总公司，中国中建设计集团有限公司．第四届全国钢结构工程技术交流会论文集．施工技术杂志社，2012：446-449.

[151] 浦海豹．内爬式塔吊基础支撑钢梁设计及其附着结构加固的研究 [D]．合肥：安徽建筑大学，2016.

[152] 赵云刚．基于应变监测与数值分析的梁桥腹板应力研究 [J]．建筑技术开发，2023，50（01）：146-149.

[153] 黄志刚，黄卫国，尹祥，吴必涛．基于宏应变监测的 CFRP 板桥梁加固预应力评估理论研究 [J]．华东交通大学学报，2022，39（04）：24-31.

[154] 韩雪．预应力混凝土现浇箱梁早期应变监测分析 [J]．交通世界，2021（36）：31-32.

[155] 袁光辉．对钢管混凝土顶升施工技术分析 [J]．广东科技，2008，17（20）：98-99.

[156] 卫海亮，杨帆，刘增琦，等．一种顶升浇筑钢管柱混凝土技术 [J]．智能建筑与智慧城市，2020（2）：72-73，77.

[157] 张栋樑．南京南站钢管混凝土施工技术研究 [J]．铁道工程学报，2011，28（3）：109-114.

[158] 叶小鲁，于方．C50 钢管拱自密实微膨胀混凝土设计与应用 [J]．广东建材，2022，38（01）：1-3+12.

[159] 李小花．C55 自密实微膨胀钢管混凝土制备研究 [J]．铁道建筑技术，2019（10）：8-11+17.

[160] 刘洪波．五峰汉阳河特大桥 C50 自密实微膨胀钢管混凝土配合比设计与应用 [J]．混凝土与水泥制品，2015（04）：20-24.

[161] 楼允鹏，侯爵，王鼓林．浅谈高墩大跨桥梁 C60 高强混凝土泵送施工技术 [J]．中国新技术新产品，2011（1）：48-49.

[162] 刘嘉茵，虞海菊，黄立沙，等．义乌世贸中心超高层混凝土泵送技术 [J]．施工技术，2014，43（9）：16-18，22.

[163] 何夕平，王立虎，陈燕，等．泵送顶升自密实钢管混凝土应用技术 [J]．福建工程学院学报，2012，10（1）：25-28.

[164] 张鸿，方华，黄彭，等．正交试验在钢管混凝土配合比设计中的应用研究 [J]．上海公路，2005（03）：28-33，5.

[165] 张戎令，郝兆峰，马丽娜，等．核心混凝土缺陷率与缺陷位置对钢管混凝土承载力的影响 [J]．建筑结构，2021，51（02）：78-84.

[166] 郝兆峰，张戎令，马丽娜，等．钢管混凝土缺陷构件承载能力试验研究及数值分析计算 [J]．工业建筑，2020，50（8）：138-144，53.

[167] 刘开．核心砼带缺陷方钢管混凝土短柱受压性能试验研究 [D]．天津：河北工业大学，2014.

[168] 刘威．钢管混凝土局部受压时的工作机理研究 [D]．福州：福州大学，2005.

[169] 刘轲兰．方钢管混凝土柱核心混凝土缺陷定量检测方法试验研 [D]．天津：河北工业大学，2012.

[170] 吴东浩 . 地下综合管廊地震响应及影响因素分析研究 [J]. 铁道建筑技术，2021（12）：11-14，44.

[171] 胡良平 . 回归建模的基础与要领（Ⅱ）——偏态分布计量资料的变换 [J]. 四川精神卫生，2018，31（6）：493-497，502.

[172] 林文修 . 混凝土结构加固方法与实施要点 [M]. 北京：中国建筑工业出版社，2008.

[173] 杨峰斌，晋娟茹，陈雪君 . 混凝土结构加固设计方法优选 [J]. 施工技术，2016，45（21）：22-24.

[174] 田飞 . 钢筋混凝土结构改造施工中加固方法优选研究 [D]. 西安：西安建筑科技大学，2015.

[175] 费振坤，沈万玉，陈东 . 基于 Midas 的钢结构电梯井道变形与强度分析 [J]. 新乡学院学报，2021，38（03）：68-71.

[176] 刘华，石荣金 . Midas Gen 在钢结构施工中的应用//天津大学 . 第十三届全国现代结构工程学术研讨会论文集 [D]. 工业建筑杂志社，2013：1128-1132.

[177] 张富强，任鹏，徐文秀等 . MIDAS/GEN 有限元分析软件在沈阳桃仙国际机场 T3 航站楼钢结构工程中的模拟分析应用//清华大学，东南大学，中国建筑设计研究院，中国建筑工程总公司，中国中建设计集团有限公司 . 第四届全国钢结构工程技术交流会论文集 [D]. 施工技术杂志社，2012：446-449.

[178] 浦海豹 . 内爬式塔吊基础支撑钢梁设计及其附着结构加固的研究 [D]. 合肥：安徽建筑大学，2016.

[179] 赵云刚 . 基于应变监测与数值分析的梁桥腹板应力研究 [J]. 建筑技术开发，2023，50（01）：146-149.

[180] 黄志刚，黄卫国，尹祥，吴必涛 . 基于宏应变监测的 CFRP 板桥梁加固预应力评估理论研究 [J]. 华东交通大学学报，2022，39（04）：24-31.

[181] 韩雪 . 预应力混凝土现浇箱梁早期应变监测分析 [J]. 交通世界，2021（36）：31-32.